INT CHEESE BAR
EW YORK CHEESE CAKE
REEN TEA WITH RED BEAN CHEESE CAKE
ACCHIATO COFFEE CHEESE CAKE
OUFFL CHEESE CAKE
RANBERRY BROWNIE
LUEBERRY CHEESE CAKE
ARBLE CHEESE CAKE
OSE PARE CHEESE MOUSSE
IRAMISU
RANGE CHEESE MOUSSE
LACK COOKIES MOUSSE
HEESE CHIFFON CAKE
TRABERRY ROLL CAKE
OFFEE NUTS CAKE
HEESE MILLE CREPES
HEESE MILLE FEUILLE
ANILLA CHEESE COOKIE
HEESE BAR
HEESE PANCAKE
BLUE CHEESE CHOCOLATE
SPICE WITH RED TEA MUFFIN
CHEESE PUFF
CHEESE PANNA COTTA
SOUFFL
BANANA WITH MACADAMIA NUTS PIE
CHOCOLATE CHEESE TART
APPLE CHEESE TART
MANGO RICE PUDDING TART
MIXED MUSHROOMS PIZZA
GRATINED MIXED VEGETABLES
SMOKED SALMON WITH CHEESE ROL
GRATINED POTATO
CHEESE QUICHE
CHEESE ALMOND BALL
CHEESE OMELET PANCAKE
CHEESE TORTELLINI
CHEESE RICE
GRATINED TOMATO AND BREAD
用市售起司做點心
好想吃
起司蛋糕
香草蛋糕鋪 金一鳴●著
Cheese Cake Book in Simple Style !
朱雀文化

自序

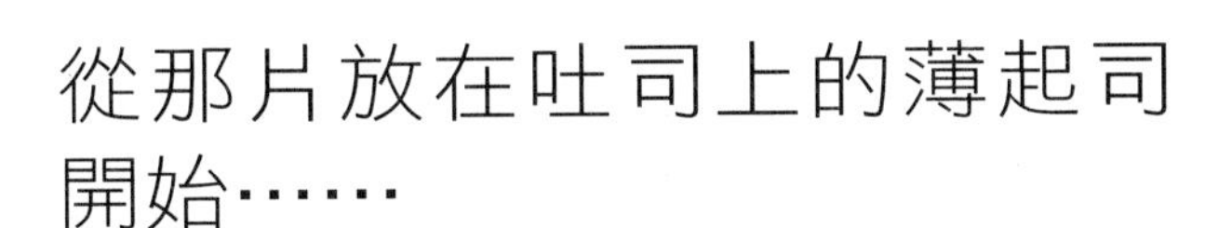

從那片放在吐司上的薄起司開始……

多年前對我來說，當起司片融化在鬆軟白嫩的吐司上，已經是一大美味了，接著是撒在披薩上的起司絲、麵包店裡的輕乳酪蛋糕，都是新奇又美妙的體驗！而在真正走進蛋糕點心的世界後，才發現還有濃郁厚實的重乳酪蛋糕和入口即化的義大利甜點提拉米司，我也知道了這些做起來其實並不如想像中費事，甚至彷如piece of cake般異常容易，然而製作成功的真正關鍵，少不了要有夠份量的起司囉！走一趟住家附近或百貨公司的超市、大賣場，想要的起司幾乎都買得到，想一圓自己的起司夢，是非常的容易。

就從這片原味的起司蛋糕拉開序幕，開始了我們這趟玩起司點心之旅，除了各種口味的變化外，我也嘗試將起司和各種蛋糕點心結合，再搭配幾道簡單的起司輕食，希望這只是你生活中另一個飲食的開始，借句話說：「每個人心中都有屬於自己的一片起司蛋糕」，你是否現在就想尋找、嘗試？

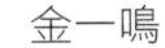

金一鳴

甜甜の起司

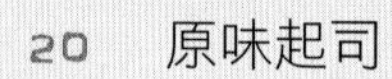

閱讀本書食譜前

1. 本書中食材的量1小匙＝5c.c.或5克，1/2小匙＝2.5c.c.或2.5克，1大匙＝15 c.c.或15克。
2. 為求視覺上的美觀，食譜照片中食物量可能稍多，讀者製作時仍以食譜中寫的材料量為主。
3. 使用麵粉、玉米粉或其他粉類材料前，請先以篩網過篩後再操作。
4. 本書材料中的起司因翻譯名詞眾多，附上原文方便讀者購買。
5. 本書中的起司材料多在一般超市或百貨公司超市、大賣場買得到。

鹹鹹の起司

每天都想吃的「市售起司點心」大蒐集

盛行於歐、美、日的起司（Cheese），台灣人的接受度日漸升高，走一趟超市和大賣場，除看到一個個圓的、扁的、方的，以及顏色不一的起司塊，利用起司製成的點心更是超多，這些以營養價值高的起司製成的點心，以各種形狀和包裝販售，讓人常常難以抉擇。為節省你的猶豫時間，好吃零食的編輯群特別製作一份「嗜吃報告」，推薦你市售的美味起司點心。

另類起司吃法的**保加利亞乾酪球**
價錢：115元
購買地：松青超市、百貨公司超市
出產國：日本
外型和口味：看起來像顆巧克力圓球的藍莓乾酪球，加上濃濃的藍莓味道，是女性最佳的起司點心，另有草莓、養樂多口味的。
怎麼吃：直接當零食吃，或者搭配生菜沙拉一起吃。

類似西洋點心的**保加利亞乾酪派**

嘉母編輯瘋狂推薦

價錢：119元
購買地：松青超市、百貨公司超市
出產國：日本
外型和口味：扇形的草莓乾酪派吃起來很像慕斯，顛覆傳統起司給人的濃味印象，而是冰冰涼涼、甜甜的果凍搭配清淡口味的起司，是女性朋友的最愛。
怎麼吃：直接當作零食吃最棒。

小朋友每天吃一定長高的
北海道起司棒
價錢：115元
購買地：松青超市
出產國：日本
外型和口味：長條棒狀，類似一般夾吐司的起司片，起司味濃，口感厚實。
怎麼吃：可當零食吃或搭配紅酒一起吃，建議給小朋友吃，營養成份高。

超有飽足感的**麗滋起司三明治餅乾**
價錢：39元
購買地：SOGO百貨超市、松青超市
出產國：台灣
外型和口味：以蘇打餅乾夾著濃郁的起司內餡。餅乾酥脆而內餡起司味濃郁，口感厚實。
怎麼吃：可單吃，搭配汽水飲料都不錯。

隨時可以帶著走的
北日本起司夾心餅
價錢：65元
購買地：SOGO百貨超市
出產國：日本
外型和口味：兩片餅乾夾薄起司內餡
怎麼吃：可單吃，大人小孩都喜歡的最佳零食，搭配鮮奶當早餐也不錯喔！

懷念舊時光的**起司米果**

吐女郎編輯勁爆推薦

價錢：10元
購買地：SOGO百貨超市
出產國：日本
外型和口味：長方薄片狀的米果。相較於一般口感比較紮實的仙貝，起司米果較酥鬆，米果外撒滿起司粉，起司味濃郁。
怎麼吃：少見的口味，除了可單吃，來杯可樂也不錯。

外型特殊少見的**蜜納斯辮子乳酪**
價錢：129元
購買地：SOGO百貨超市、微風廣場等大型百貨公司超市，或松青超市、家樂福、好市多等大賣場。
出產國：巴西
外型和口味：外型如同小女孩的辮子般，原味吃得到濃厚起司味。
怎麼吃：可切小塊或刨絲吃，口感緊實很有咬勁，可當零食吃或小菜，搭紅酒或可樂亦可。

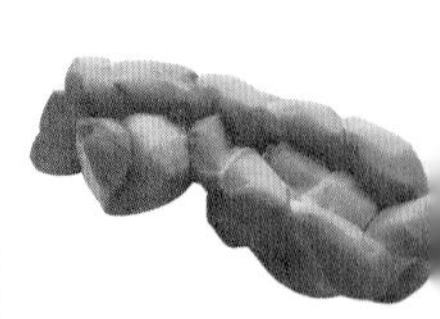

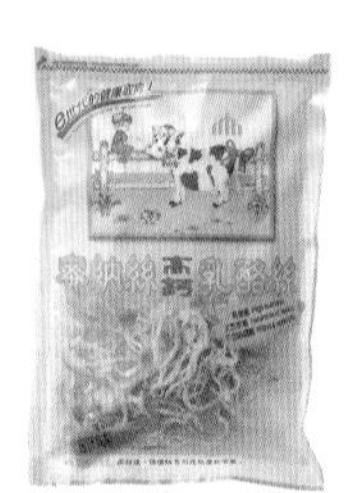

有巴西魷魚絲之稱的
蜜納斯高鈣乳酪絲

賣路路編輯含淚推薦

價錢：150元
購買地：SOGO百貨超市
出產國：巴西
外型和口味：如同魷魚絲般，有辣味和原味兩種。
怎麼吃：當零食吃超好吃，一口接一口吃不膩，一不小心就吃了半包。也可以當下酒小菜，搭紅酒或啤酒都很合。

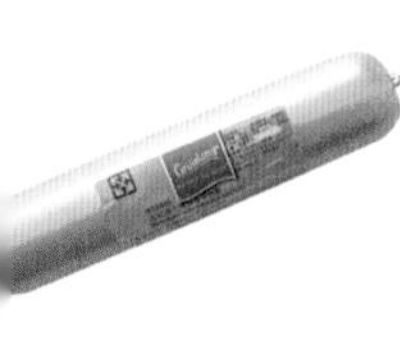

最流行的
起司型熱狗迷你煙燻辣味乾酪
價錢：99元
購買地：SOGO百貨超市、松青超市
出產國：德國
外型和口味：如整條火腿般，吃起來帶些微的辣味。
怎麼吃：很少看到辣味起司，這款起司口感較軟而有彈性，少了濃郁的奶味，反而有點像在吃微辣的熱狗，味道相當特別，當飯前點心還挺開胃的喔！

優雅女性飯前最開胃的
普羅旺斯點心乾酪
價錢：199元
購買地：微風百貨超市
出產國：法國
外型和口味：小圓片狀，有迷迭香、黑胡椒、蔥花和蕃茄等口味。
怎麼吃：一盒中有多種口味，除可以當飯前的開胃菜，還可以搭配生菜沙拉一起吃。

媲美烏魚子的最佳下酒菜
雪印煙燻起司腸
價錢：90元
購買地：微風百貨超市
出產國：日本
外型和口味：外型很像台灣的鑫鑫腸。吃起來像鐵蛋般ＱＱ的，起司味道很濃，還帶點獨特的煙燻味。
怎麼吃：可單吃，是看電視時的最佳零食，也適合當下酒小點心。

丸子編輯強力推薦

濃厚起司份量超重的
芝司樂活力雙享派
價錢：79元
購買地：百貨超商、便利商店及各大超市
出產國：澳洲
外型和口味：以燕麥餅夾上大量的起司醬，起司醬有濃濃的煙燻、培根肉味。
怎麼吃：可單吃或搭配各式飲料一起吃，多出來的起司醬汁，還可以塗抹其他餅乾。

便宜又大碗的國民點心
多力多滋超濃起司玉米片
價錢：22元
購買地：百貨超商、便利商店及各大超市
出產國：台灣
外型和口味：三角薄片，超濃的起司味。
怎麼吃：可單吃，還可以放入西式濃湯，沾裹各式沙拉醬吃。

可一餅多吃的
多力多滋黃金起司玉米片
價錢：22元
購買地：百貨超商、便利商店及各大超市
出產國：台灣
外型和口味：三角薄片，起司味沒有濃起司味的重。
怎麼吃：可單吃，還可以放入西式濃湯，沾裹各式沙拉醬吃。

香酥脆且超夠味的奇多香酥棒
價錢：11元
購買地：百貨超商、便利商店及各大超市
出產國：台灣
外型和口味：長條棒狀，口感很像玉米棒，只是外層沾裹了起司粉。
怎麼吃：可單吃，是看電視時的最佳零食，不過要小心一根根吃不停。

外型如糖果般可愛的
法國迷你乾酪（紅、綠）
價錢：112元
購買地：百貨超商及各大超市
出產國：法國
外型和口味：小型的正方塊狀，有蘑菇、火腿、青椒、蕃茄、藍黴、洋蔥等口味。
怎麼吃：可單吃，當作小朋友的點心最棒，女生也可以用來搭配生菜沙拉一起吃。

不可不知起司10大Q＆A

Q：起司和乳酪一樣嗎？

A：是的。英文中的「cheese」，音譯是「起司」，中文也有人稱作「乳酪」、「芝士」，所以其實起司和乳酪、芝士是相同的，只是說法隨各人喜好、大衆習慣而有所差異。

Q：為什麼我們常用來夾吐司和製作三明治的起司片，和歐洲的起司不太一樣？

A：起司可分為加工起司（processed cheese）與天然起司（natural cheese），我們最常用來夾吐司、製作三明治，以及超市裡常見的東西，都只是加工後的起司。不過在起司的故鄉歐洲，天然起司才是主流。

Q：天然起司是怎麼製作而成的？

A：天然起司主要是先以乳酸菌和酵素使牛奶凝結，經過切割、攪拌、去除乳清與水份的過程，再填裝於模型內，經過壓榨、加鹽，等待其熟成的。

Q：如何選擇起司？

A：首先，必須到有店面可供詢問、挑選的商家購買，尤其需注意起司包裝上是否寫上保存期限。其次，如果購買的是新鮮起司，買回家後還會繼續熟成，所以最好購買單次能夠吃完的份量。

Q：起司可以搭配其他東西一起吃嗎？

A：可以。除了酒以外，最簡單的就是搭配麵包吃了，像新鮮起司可以搭配法國麵包、燕麥麵包；白黴起司則適合全麥麵包、法國麵包；山羊起司可搭配布里歐麵包（brioche）；半硬質起司可和黑麵包、稞麥麵包搭配；硬質起司和農村麵包、黑麵包是絕配。

Q：剩下的起司該如何處理？

A：剩下的起司以包鮮膜包裹時，容易因起司出的水而發霉，所以每隔3～4天要更換保鮮膜，才能保持美味。剩下的半硬質起司（像高達起司、瑪利波起司），可刨成絲或粉，用來做焗烤或咖哩等燉煮料理。藍黴起司則可加入法式沙拉醬，搭配生菜沙拉食用。其他種類的起司則可以製作點心，夾三明治等，仍能有效運用。

Q：起司除了單吃、焗烤和做披薩外，還可以做什麼呢？

A：其實起司的用途很廣，依種類的不同還可製作慕斯、奶酪、蛋糕、布丁和塔派等點心，還有鹹口味的義大利麵、餃子和起司飯等，可參見本書中的食譜。

Q：有些起司為什麼裡面會有洞呢？

A：起司在製作的過程中會經過發酵，而發酵時所產生的水和二氧化碳會留在裡面，所以起司裡面會有空洞。

Q：聽說多吃起司對皮膚的保養很有效？

A：人體如果可以攝取到足夠的鈣質，細胞的活動力會增強，血液和皮膚就可以常保年輕、健康的狀態。鈣質可以說是預防老化、維持身體健康的重要物質。而起司中含有大量的鈣質，所以如果我們多吃起司，自然鈣質攝取量充足，皮膚就能常保光亮、嫩滑。

Q：天然起司有哪些種類？

A：有新鮮起司（fresh cheese）、白黴起司（white mould cheese）、半硬質起司（semihard cheese）、硬質起司（hard cheese）和山羊起司（chavre cheese）等，其特色可參見以下「天然起司種類表」。

天然起司種類表

名稱	特色
新鮮起司 （fresh cheese）	不經熟成，直接將牛奶凝固後再去除部份水份而成的新鮮起司，呈現潔白的顏色和柔軟濕潤的質感，散發清新的奶香與淡淡的酸味，十分爽口。像製作起司蛋糕的奶油起司（cream cheese）、常用於沙拉或開胃菜中的莫札瑞拉起司（mozzarella cheese）、用來製作提拉米司的馬司卡彭起司（mascarpone cheese），以及低脂清爽的瑞可塔起司（ricotta cheese）等，都是大家熟悉的新鮮起司。
白黴起司 （white mould cheese）	起司的表面覆蓋著一層白黴，當黴菌在表面繁殖發酵時，起司內部也會漸漸熟成，這類起司質地柔軟，若達完全成熟狀態，更是濃稠滑膩，吃起來奶香濃郁、口感獨特。像卡門貝爾起司（camembert cheese）等。
半硬質起司 （semihard cheese）	在製造過程中強力加壓、去除部份水份後所形成的，因為口感溫和順口，最容易被一般人接受和喜愛。這類起司質地易於融化，所以也常被大量用於菜餚烹調和加工起司的製造上。其中以奶香濃郁的Reblochon、Tomme de Savoie，以及產自荷蘭、風味平易近人的高達起司（gouda cheese）等最具知名度。
硬質起司 （hard cheese）	質地堅硬、體積碩大沈重的硬質乳酪，是經過至少半年到兩年以上長期熟成的起司，不僅可耐長時間的運送與保存，而且經過長久醞釀，濃縮出濃醇甘美的香氣，很適合品嘗。 像瑞士出產的葛瑞爾起司（gtuyere cheese）、愛曼托起司（emmental cheese） 等都是。
山羊起司 （chavre cheese）	以山羊乳為原料製成的起司，多半是採乾燥熟成，所以質地結實，而且隨產地與熟成程度的不同而有各種形狀和風味，體積都不大，像只有一口大小的crortin cheese，大的也不過數百公克，還有聖多摩爾起司（saint maure cheese）、瓦倫西起司（valencay cheese）等。

常見14種市售起司

好吃的起司蛋糕、點心是許多餐廳的招牌品，想必製作起來一定手工繁複，即使再貴，還是硬著頭皮買一小塊解饞，這是許多人的想法。其實，起司蛋糕比起其他種類的蛋糕，做法真的簡單多了，省去了許多麻煩的步驟，只要你買得到材料，幾乎就能成功，連甜點新手也不例外。以下介紹一些最適合做點心的起司，先認識他們、找到他們，是成功做起司點心的第一步。

奶油起司

奶油起司（cream cheese）

吃起來口感滑順、組織細膩，還帶有濃厚奶香、略酸，這類起司是鮮奶油和牛乳的混合物，所以稱為奶油起司或凝脂起司。因為新鮮起司在開封後很容易吸收其他味道而腐壞，最好盡早食用。奶油起司是製作起司蛋糕中不可缺少的重要材料。此外，還可以做塗抹麵包的抹醬。

馬司卡彭起司（mascarpone cheese）

是義大利式的一種將新鮮牛奶發酵凝結，然後去除部分水分後所形成的「新鮮起司」，原產於義大利倫巴底（Lombardy）地區，是義式點心提拉米司（tiramisu）的主要材料。由於未曾經過任何醞釀或熟成過程，仍保留了潔白濕潤的色澤和特殊的清新奶香，軟硬程度介於鮮奶油和奶油起司間，帶甜味和濃郁的口感，價格較一般奶油起司貴。除了可做提拉米司外，還可做其他慕斯類點心。

馬司卡彭起司

瑞可塔起司

瑞可塔起司（ricotta cheese）

義大利文「ricotta」，是指再次加工的意思，是使用起司製作過程中所排出的乳清，再加入新鮮牛奶加溫製成，吃起來口感清爽，還有牛奶本身的甜味。除了製作點心，還可以搭配蜂蜜果醬一起食用或做千層麵。

藍黴起司（blue cheese）

帶有濃厚的柑橘味加上些許臭味，是所有起司中風味最特別、濃郁的一種。主要是將藍黴與凝乳均勻混合，填裝於模型中進行熟成。當其熟成時，會用柱狀的鐵絲插入乳體中，藍黴菌有機會和空氣接觸而產生如大理石紋般美麗的藍色紋路。除了可以製作甜、鹹點心，還可直接搭配法國麵包，不過搭配紅酒是絕佳的組合。

藍黴起司

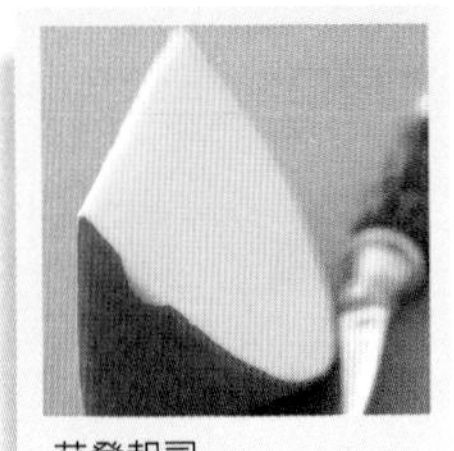
艾登起司

艾登起司（edam cheese）
是非常典型且具代表性的荷蘭起司，名字來自荷蘭阿姆斯特丹北邊Edam地區的一個小港，其包覆於外的紅色蠟是14世紀首度被使用，外表呈可愛的圓形。其口感比較溫和，質感較軟，可切成薄片夾麵包，或是拌沙拉、直接吃。

莫札瑞拉起司（mozzarella cheese）
通常是被放在鹽水中販售的莫札瑞拉起司，多用來點綴菜餚，並非用來調味。將其加熱、融化後會變得非常有彈性和口感。有用乳牛乳製作的，不過從結構上來看，水牛乳較乳牛乳來得軟，所以使用水牛乳製作的會比較好。此外，在義大利以外區域有賣質地較硬、有彈性的莫札瑞拉起司，被稱為「pizza cheese」，最適合做披薩，不過口感大不同於新鮮的莫札瑞拉起司。

莫札瑞拉起司

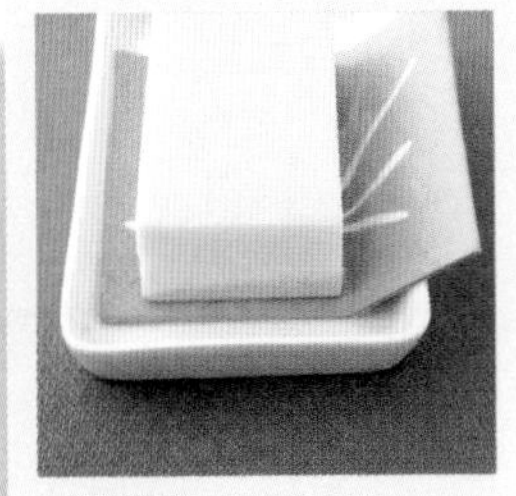
切達起司

切達起司 （cheddar cheese）
是世界產量最大的起司，氣味較溫和，口感濃稠，幾乎在加拿大、美國、紐西蘭、澳洲等國都有生產，但以英格蘭西南部生產的品質最佳。一般可分為橘色的紅切達和乳白色的白切達兩種，在超市均可輕易買到。多用來製作三明治或搭配美酒食用。

高達起司（gouda cheese）
外型如同一個扁圓的車輪，口感較重，除奶香，還帶有堅果的香味，擺放時間越久，味道越強烈。其外層包覆一層不同口味的蠟皮，食用時必須去除不可食用。可切片夾麵包，切碎拌在沙拉裡，還有搭配紅酒一起吃。

高達起司

卡特吉起司

卡特吉起司（cottage cheese）
是純白、濕潤凝乳狀的新鮮起司，味道較溫和，沒有什麼強烈的氣味。除了可以製作甜點，還可以淋在蔬菜和水果上一起吃，由於熱量低，是女性夏天最佳的美味餐。

法國布藍酸奶油起司

法國布藍酸奶油起司（French fromage blanc）

又叫做法國白起司，是未經熟成的新鮮起司，質地較輕，看起來有點像白色的優格，無糖且帶點酸味，吃起來很清爽，可搭配蘋果、鳳梨和草莓等帶點酸味的水果一起食用，或製作酸奶冰淇淋等點心，用途很廣。

費達起司（feta cheese）

以牛奶、羊奶製成的白色新鮮起司。因其在乳清和鹽水中發酵，又叫做「鹽水起司」，必須浸泡於鹽水中保存。可以先浸泡在冷水或牛奶中，可有效減低鹹味。多用來做生菜沙拉、加進無鹽的開胃菜中食用。

費達起司

卡門貝爾起司

卡門貝爾起司（camembert cheese）

表面覆蓋了一層白黴，內部則呈金黃色的乳霜狀，屬於軟質起司的一種。同時帶有濃烈的奶味和清新的芳香，非常適合當做開胃菜、製作甜點，或是搭配紅酒、麵包、水果一起食用。

帕梅森起司 （parmesan cheese）

是很傳統的義大利起司，較容易碎，呈淡黃色，將其磨成粉後會散發出濃郁的香味，通常有塊狀與粉狀兩種，市面上販售的帕梅森粉通稱為起司粉，常用於烹調、加入沙拉中食用，還可以切片或敲碎搭配美酒一起吃。

帕梅森起司

愛曼托起司

愛曼托起司（emmental cheese）

起司的內部有較大的圓形氣孔，呈淡淡黃色，質地細緻柔軟且口感溫和，可用來製作三明治、沙拉、開胃菜，也可以將其融化後沾麵包吃。

起司的最佳保存法

剛買來還未使用的起司該怎麼存放呢？一次沒用完的又該怎麼辦？起司怎樣才不會壞掉？對起司而言，乾燥是破壞品質最大的敵人，最好是將起司以保鮮膜包好，放在冰箱存放蔬菜的冷藏室。除非是放在披薩上需加熱融化的起司，否則不能放在冷凍庫，會破壞起司的品質。

雖然各類起司的保存方法大同小異，但為能更正確保存，可參考以下「各類起司保存表」，才能一直吃到起司的鮮美味。

各類起司保存表

名稱	特色
新鮮起司（fresh cheese）	像莫札瑞拉起司（mozzarella cheese）、馬司卡彭起司（mascarpone cheese）、瑞可塔起司（ricotta cheese），以錫箔紙或塑膠袋包好，存放在冰箱的冷藏室，開封後一星期內要吃完。
白黴起司（white mould cheese）	像卡門貝爾起司（camembert cheese），絕不可放在乾燥的地方，以保鮮膜包好後存放在冰箱的蔬菜冷藏室，或包好與蔬菜一起放入有蓋密封容器，送進冷藏室。
半硬質起司（semihard cheese）	像Reblochon、Tomme de Savoie、高達起司（gouda cheese）等，切口部份需以保鮮膜緊緊包裹，或放入有蓋密封容器中，送進冰箱蔬菜的冷藏室。
硬質起司（hard cheese）	像切達起司（cheddar cheese）、艾登起司（edam cheese）、葛瑞爾起司（gtuyere cheese）、愛曼托起司（emmental cheese）等，為避免發霉或乾燥，需將整塊起司以保鮮膜緊緊包裹住，或放入有蓋密封容器、拉鍊袋後放入冷藏室。
山羊起司（chavre cheese）	像聖多摩爾起司（saint maure cheese）、瓦倫西起司（valencay cheese），以保鮮膜包時要留些微空隙，然後放入冰箱冷藏室保存。
加工起司（process cheese）	就是我們在超市買到的起司片、起司慕斯等商品。需存放在約5°C冷處，開封後要盡快吃完，吃到一半的要在切口處包裹保鮮膜，以防止乾燥。

8個一定要學會的基礎烘焙法

想要成功完成各類起司蛋糕、甜點，打發蛋白、打發鮮奶油等烘焙基本做法必須都學會，這些看似有點困難的基本技巧沒有想像中複雜，只要你跟著以下步驟練習，每一步驟小心練習，自己做蛋糕絕非難事。

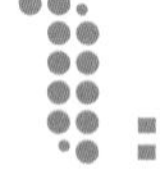

1：新手最需練習的打發蛋白法

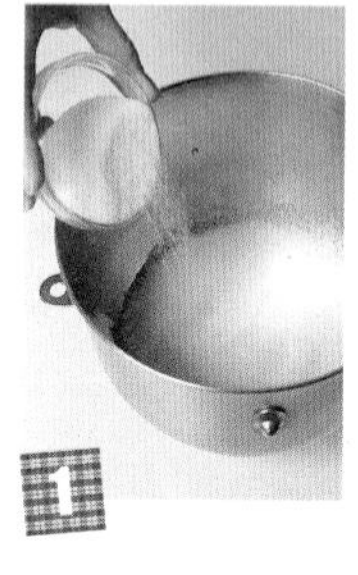

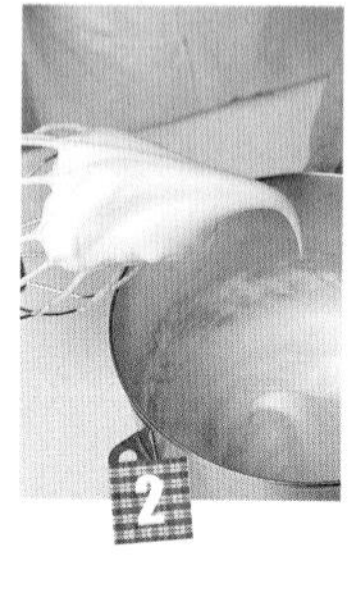

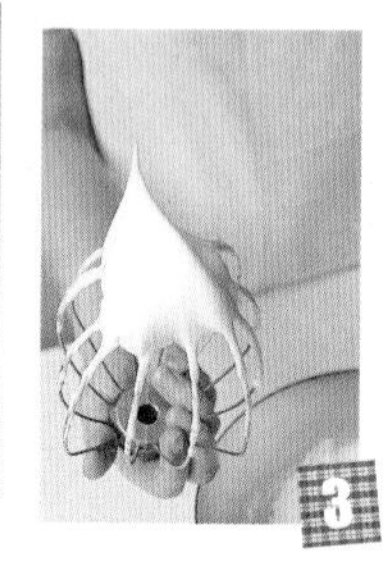

1. 先將蛋白倒入盆中，以中速度攪打至蛋白呈泡沫狀，續將糖分2～3次加入攪打，不要一次全部加入。
2. 繼續攪打至蛋白變成光滑雪白，以攪拌器提起蛋白時，蛋白尖端固定但尾端呈彎曲狀，此時稱為濕性發泡，約已7分發。
3. 繼續攪打至蛋白紋路更明顯，以攪拌器提起蛋白時，蛋白尖端能維持尖挺不彎曲，此時稱為乾性發泡，約已9分發。

2：讓蛋糕更好吃的漂亮打發鮮奶油法

1. 將從冰箱取出的液態鮮奶油，依需要量倒入盆中，以攪拌器打至呈光滑雪白狀。以攪拌器提起時，尖端往下垂，但不會滴下。
2. 繼續打發至其紋路更明顯，以攪拌器提起時，呈尖挺光滑雪白狀。

3：零失敗易成功的融化巧克力法

1. 先將巧克力塊切成細碎放入較小的上鍋，下鍋加入水，水不可高過上鍋。下鍋開始加熱，待水沸騰後熄火，利用餘熱來融化巧克力。
2. 以木匙或刮刀輕輕攪拌巧克力糊至完全融化即可。

：一定要學會的神奇融化吉利丁片法

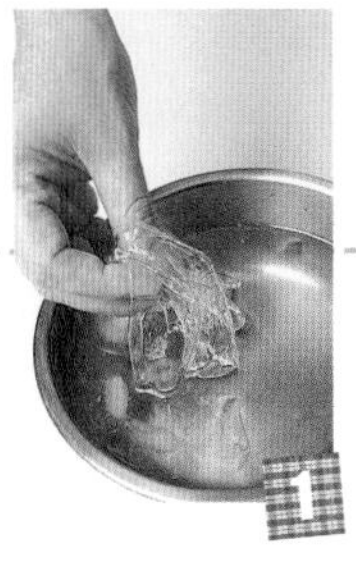

1. 先將吉利丁片放入冰水中泡，使其軟化。
2. 取出吉利丁片，瀝乾水份，放入較小的上鍋，下鍋加入水，水不可高過上鍋。下鍋開始加熱至吉利丁片完全融化即可。

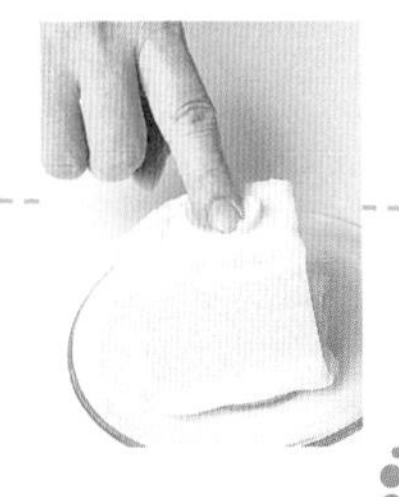

5：最簡單易懂的奶油室溫軟化法

將從冰箱取出的奶油放在盤中使其自然軟化即可。若急於使用，亦可切小塊後放入微波爐中以10秒為單位微波至軟。

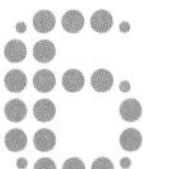

：一招搞定超好用的融化奶油法

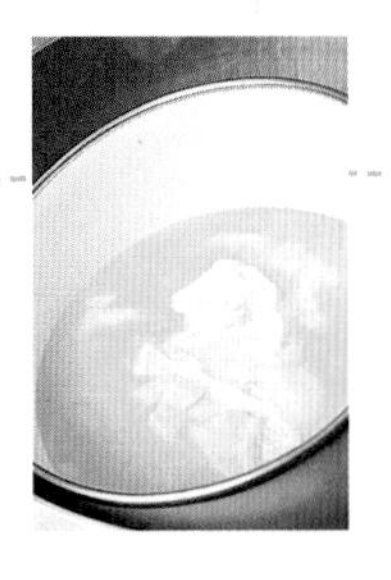

將從冰箱取出的奶油放入較小的上鍋，下鍋加入水，水不可高過上鍋。下鍋開始加熱至奶油完全融化即可。

7：最經濟實惠的手動壓碎餅乾法

將餅乾放入塑膠袋中，以擀麵棍或粗厚圓棒子將餅乾壓成碎狀即可。

：輕輕擠壓如同魔法的擠花嘴操作法

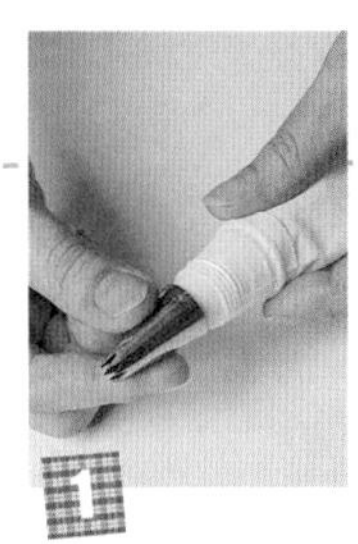

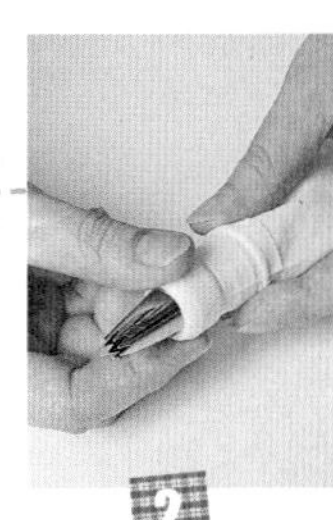

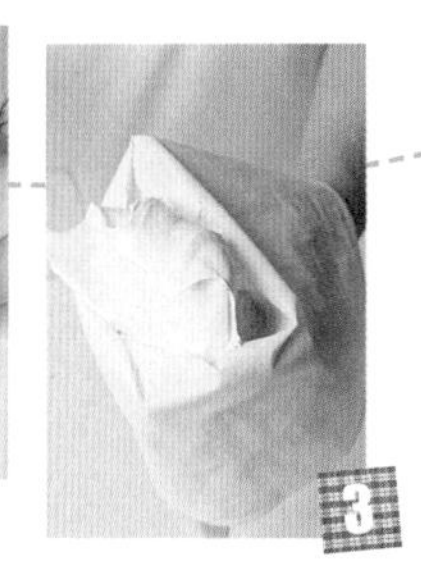

1. 將白色的尖轉換頭裝入擠花袋內，放上花嘴。
2. 將圈形轉換頭拴上固定。
3. 將擠花袋口打開，倒入麵糊或鮮奶油即可。

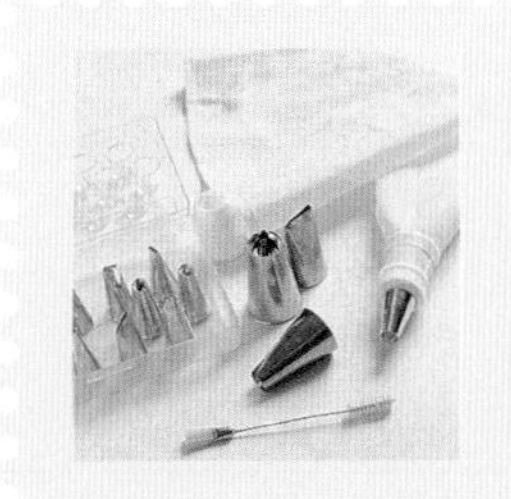

這裡要注意

市面販售的擠花嘴有平口、圓口和螺旋口等形狀，可依照用途搭配擠花袋使用。如果不打算購買擠花袋和擠花嘴，可以利用塑膠袋DIY。

3種最簡單起司抹醬DIY

以新鮮起司製作的起司抹醬，是每個人冰箱中的必備良品。無論塗抹法國麵包、貝果或夾吐司，怎麼塗抹都好吃。學會以下3種不花心思就能調配好的起司抹醬，從此不必單吃一味美乃滋或奶油，讓你有更多的選擇。

萬用起司醬

材料：
奶油起司（cream cheese）200克、動物性鮮奶油20克、鹽少許、黑胡椒或糖粉少許

做法：
1. 將奶油起司拌軟，再加入動物性鮮奶油拌勻，記得不需打發。
2. 加入鹽及黑胡椒調味。若要甜口味，則將黑胡椒改成用糖粉調味即成。

+ 這裡要注意 +
奶油起司可放入微波爐中微波使其回軟，每100克約微波20秒，也可以以10秒為單位。

起司美乃滋

材料：
奶油起司（cream cheese）100克、瑞可塔起司（ricotta cheese)100克、美乃滋100克、黑胡椒少許、鹽少許、新鮮香草末30克

做法：
1. 將奶油起司打軟後加入瑞可塔起司、美乃滋拌勻。
2. 香草末洗淨擦乾後切碎，拌入做法1，再以鹽、黑胡椒調味即成。

+ 這裡要注意 +

瑞可塔起司也可用藍黴起司(blue cheese)或卡門貝爾起司(camembert cheese)等風味起司代替。

藍莓起司優格醬

材料：
馬司卡彭起司（mascarpone cheese）120克、市售味全原味優格40克、藍莓醬60克、糖粉少許、檸檬汁少許

做法：
1. 將馬司卡彭起司拌軟，再加入優格拌勻。
2. 加入藍莓醬、糖粉拌勻，再酌量加入少許檸檬汁調味即成。

調配好的起司抹醬放入冰箱中冷藏約可保存一星期，要使用時再取出自然回溫，或者以微波爐加熱亦可。

甜甜の起司

提拉米司、瑪奇朵咖啡起司、玫瑰蕾雅慕斯和輕乳酪蛋糕……，這些以起司做成的甜點，是下午茶、招待朋友時少不了的點心，只要一出現，一定成爲最美味的主角。

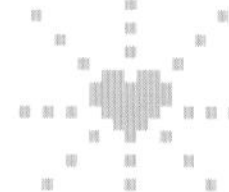

起司蛋糕中最經典的，就是帶有濃厚起司味道的原味起司，添入少許檸檬汁和香草精，只要小小一塊，整個人彷彿融化在濃郁起司裡。

原味起司 CHEESE CAKE

材料：

♣模具→6吋蛋糕模1個

♣底層→消化餅乾90克、無鹽奶油30克

♣內餡→奶油起司（cream cheese）400克、細砂糖100克、全蛋1個、檸檬汁1小匙、香草精1/4小匙

做法：

1. **製作餅乾底：**將餅乾捏碎後倒入盆中，與融化的奶油拌勻。
2. 將慕斯圈直接放在烤盤上或底部，包覆上錫箔紙，再將餅乾碎倒入圓形慕斯圈中，以湯匙背面壓平，放入冰箱中冷藏備用。
3. **製作內餡：**先將奶油起司拌軟。
4. 加入細砂糖拌勻。
5. 加入全蛋拌勻。
6. 拌入檸檬汁、香草精，即成內餡。
7. 將內餡倒入烤模，表面稍抹平。
8. 進烤箱以爐溫150℃烤約40分鐘，或者以表面用手輕搖至不會晃動。
9. 出爐放涼後進冰箱冷藏1～2小時，以熱刀（將刀浸於熱水中擦乾再切，或直接以火燒熱刀）切片。

+ 這裡要注意 +

1. 要做出綿密的重乳酪蛋糕，最重要的關鍵是在攪拌起司的過程，攪拌速度不能太快，而且必須確實拌勻後再一樣樣加入下一項材料。
2. 6吋大蛋糕模的直徑約為15公分。

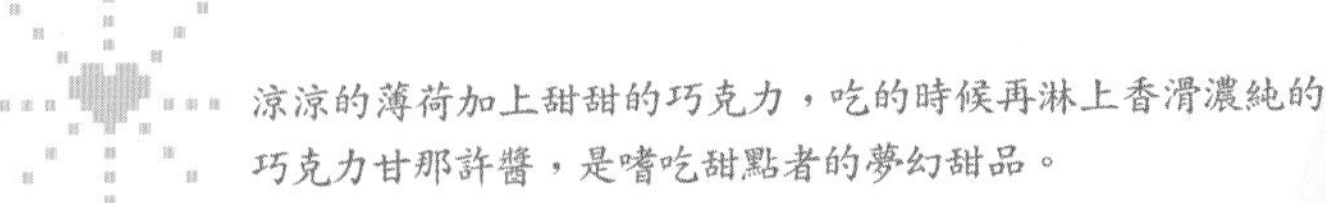

涼涼的薄荷加上甜甜的巧克力，吃的時候再淋上香滑濃純的巧克力甘那許醬，是嗜吃甜點者的夢幻甜品。

薄荷巧克力棒

MINT CHEESE BAR

材料：

- 模具→15×13.5公分方盤1個
- 底層→巧克力餅乾90克、無鹽奶油30克
- 內餡→奶油起司（cream cheese）200克、酸奶油100克、無鹽奶油20克、細砂糖40克、全蛋3個、動物性鮮奶油30克、玉米粉30克、薄荷糖漿 30c.c.、牛奶巧克力碎100克
- 表層裝飾→巧克力甘那許醬適量

做法：

1. **製作底層：**將巧克力餅乾屑、奶油先倒入盆中混合，再倒入方盤，進冰箱冷藏備用。
2. **製作內餡：**將奶油起司倒入盆中拌軟，加入奶油拌勻，續入酸奶油拌勻，再加入砂糖拌勻，然後依序倒入全蛋、薄荷糖漿、動物性鮮奶油、玉米粉和牛奶巧克力碎拌勻，即成內餡。
3. 將內餡倒入方盤，進烤箱以爐溫150℃烤25分鐘，取出放涼後進冰箱冷藏1～2小時，再切成1.5公分寬的長條。
4. 食用時，淋上巧克力甘那許醬。

+ 這裡要注意 +

巧克力甘那許醬DIY：將200克苦甜巧克力先切碎，然後將160克動物性鮮奶油、20c.c.牛奶和20克麥芽糖漿倒入鍋中加熱，煮沸後熄火，倒入巧克力碎攪拌，利用熱將巧克力拌融。若仍有未融化的巧克力，可隔水加熱拌融，即成巧克力甘那許醬。若有剩餘的沒用完，可放入冰箱冷藏保存，要用時再取出隔水加熱融化即可。

怕新鮮濃郁奶油起司做成的起司蛋糕吃一口就膩了？
那你一定得嘗嘗加了酸酸檸檬原汁的紐約起司，一定讓你一塊接一塊！

紐約起司 NEW YORK CHEESE CAKE

材料：

♣模具→6吋蛋糕模1個

♣底層→消化餅乾90克、無鹽奶油30克、細砂糖15克

♣內餡→奶油85克、細砂糖90克、全蛋2個、低筋麵粉20克、檸檬汁和皮1顆、香草精1/4小匙、奶油起司（cream cheese）380克、牛奶30c.c.

♣表層裝飾→酸奶油150克、糖粉15克、檸檬汁15c.c.

做法：

1. **製作底層：**將餅乾用食物調理機打碎後倒入盆中，與細砂糖拌勻，再倒入融化的奶油拌勻。
2. 將慕斯圈直接放在烤盤上或底部包覆上錫箔紙，再將餅乾碎倒入圓形慕斯圈中，以湯匙背面壓平，放入冰箱中冷藏備用。
3. **製作內餡：**將軟化的奶油和細砂糖打至鬆發呈乳白狀。
4. 一次加入一個蛋拌勻，再拌入過了篩的低筋麵粉。
5. 倒入檸檬皮碎、檸檬汁和香草精拌勻。
6. 將奶油起司打軟，和麵糊拌勻。
7. 倒入牛奶拌勻。
8. 將麵糊倒入模型中，進烤箱以爐溫170℃烤約20分鐘至表面上色後，將上火降溫至150℃、下火關掉，再烤40分鐘至中間輕搖不會晃動，出爐放置2小時冷卻。再將酸奶油、糖粉和檸檬汁拌勻，抹在冷卻了的蛋糕表層即可。

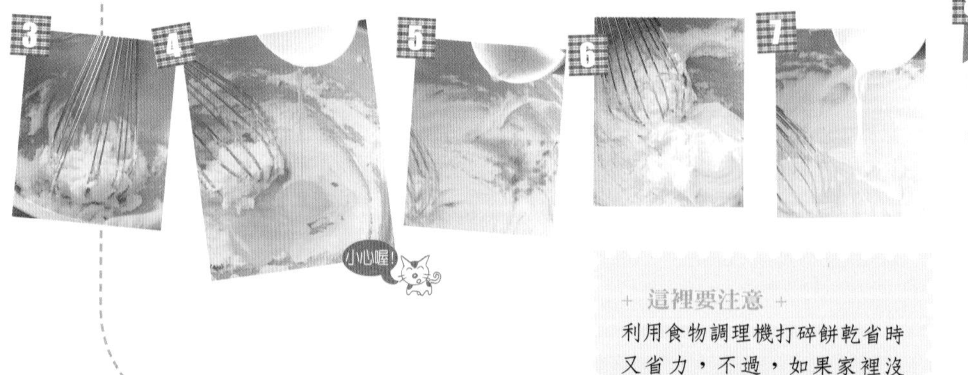

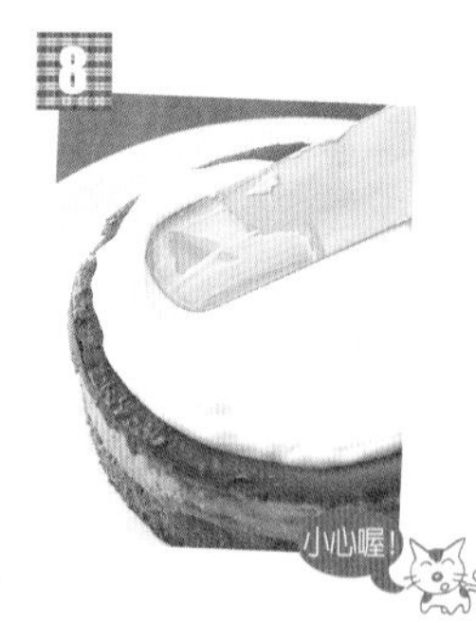

+ 這裡要注意 +

利用食物調理機打碎餅乾省時又省力，不過，如果家裡沒有，可以用手捏碎，或者放入塑膠袋中以擀麵棍壓碎。

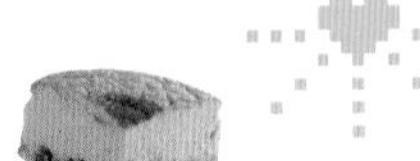

先嘗點稍帶苦味的抹茶，再吃一口綿密的紅豆和鬆軟的起司蛋糕，適當組合東西方食材，在味覺與視覺上，會有意想不到的驚奇。

抹茶紅豆起司

材料：

- 模具→6吋蛋糕模1個
- 底層→6吋香草蛋糕一片（厚約1公分）
- 內餡→奶油起司（cream cheese）150克、酸奶油120克、牛奶120c.c.、抹茶粉5克、蛋黃2個、蛋白2個、玉米粉30克、蜜紅豆30克

做法：

1. **製作內餡：**將奶油起司打軟倒入盆中，依序加入酸奶油、蛋黃、抹茶粉、玉米粉和牛奶。
2. 取一打蛋盆，倒入蛋白打至濕性發泡（參見p.14打發蛋白）。
3. 先取1/3量的蛋白加入內餡中拌勻，再將剩餘的蛋白倒入拌勻。
4. 續入蜜紅豆拌勻，倒入烤模，放入烤盤，烤盤內加入水。
5. 進烤箱以爐溫170℃烤45分鐘，待上色後降溫為160℃，注意烘烤過程中，若烤盤內的水量減少就要加水。
6. 出爐後稍微放涼，進冰箱冷藏約2～3小時即成。

+ 這裡要注意 +

依蛋白的打發程度可分為濕性發泡和乾性發泡，打發過程中，若以手指反勾蛋白，蛋白尖端會彎曲卻不會落下，即濕性發泡，詳細做法可參見p.14 8個一定要學會的基礎烘培法。

在起司蛋糕中加入咖啡、焦糖糖漿，除了濃濃奶油起司味，獨特的咖啡、焦糖香，還以爲我來到了義大利。

瑪奇朵咖啡起司

MACCHIATO COFFEE CHEESE CAKE

材料：

- 模具→6吋蛋糕模1個
- 底層→消化餅乾90克、無鹽奶油30克、堅果（核桃、杏仁都可）30克
- 內餡→奶油起司（cream cheese）140克、馬司卡彭起司（mascarpone cheese）70克、 動物性鮮奶油 70克、細砂糖70克、全蛋1個、蛋黃1個、焦糖糖漿15c.c.、即溶咖啡粉10克、熱開水15c.c.
- 表層裝飾→蜜核果適量

做法：

1. **製作底層：**堅果略切細碎，奶油加熱融化，消化餅乾放塑膠袋內用用擀麵棍來回碾碎，然後加入融化奶油、堅果，混合均勻後放入烤模，待壓緊後冷藏30分鐘以上。
2. **製作內餡：**將奶油起司打軟，放入鋼盆，再將馬司卡彭起司分3次加入拌勻，然後再加入細砂糖。
3. 將蛋黃、全蛋加入拌勻，動物性鮮奶油分2次加入，最後加入調勻熱開水的咖啡粉、焦糖糖漿拌勻，即成內餡。
4. 將內餡倒入烤模，烤盤內注入冷水，進烤箱以爐溫150℃烤約40分鐘，待出爐後放涼，送進冰箱冷藏1～2小時，表面可以蜜核果裝飾。

+ 這裡要注意 +

在攪拌過程中，加入像雞蛋、牛奶等液體材料時，記得要分次加入拌勻，以免造成起司糊結粒，成品不好吃。

1
2
3
4

輕乳酪蛋糕就像一層層的雲，吃起來鬆鬆軟軟，入口即化，
最討好喜歡吃甜點的人！

輕乳酪蛋糕

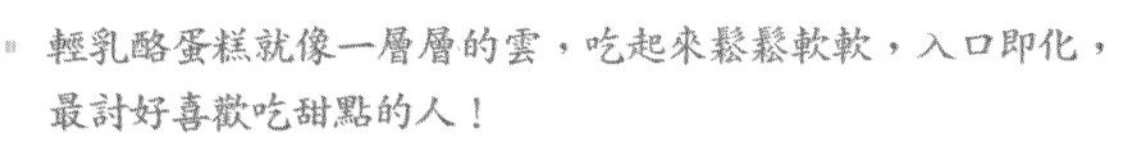

材料：

- 模具→6吋蛋糕模1個
- 底層→6吋香草蛋糕
- 內餡→奶油起司（cream cheese）150克、無鹽奶油10克、動物性鮮奶油60克、牛奶60c.c.、細砂糖50克、蛋黃2個、蛋白2個、低筋麵粉30克

做法：

1. **製作底層：**將6吋蛋糕切1公分厚，然後放入圓形慕斯圈中，底部以錫箔紙包覆備用。
2. **製作內餡：**將奶油起司拌軟，與奶油拌勻後加約1/3量的細砂糖拌勻。
3. 分2次加入蛋黃。
4. 將動物性鮮奶油、牛奶分2次依序加入。
5. 另取一鋼盆，將蛋白、剩餘的糖倒入，用攪拌器打約6～7分發（參見p.14打發蛋白）。
6. 取1/3量的蛋白放入做法4.中並稍微拌勻。
7. 續入低筋麵粉拌勻，然後將剩餘的蛋白分2次拌入且拌勻，即成內餡。
8. 將內餡倒入烤模。
9. 烤盤內注入冷水，進烤箱以爐溫170℃烤約45分鐘，過程中若已上色，可降溫為160℃，待出爐後放涼，進冰箱冷藏1～2小時即成。

這裡要注意

在製作起司點心時，可提早將起司移置室溫下使其回溫，讓起司的質地較柔軟，攪拌時也較易拌勻。

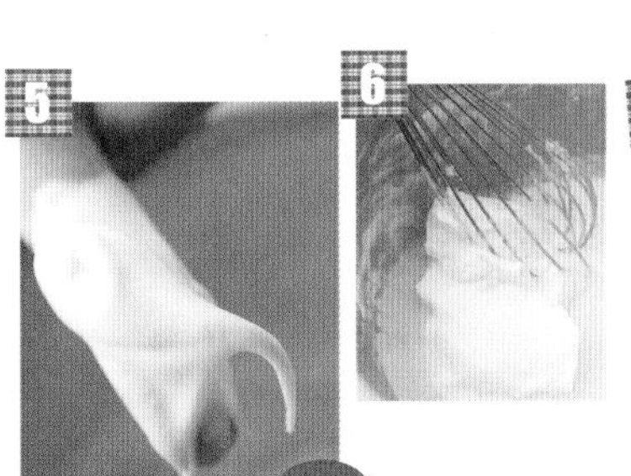

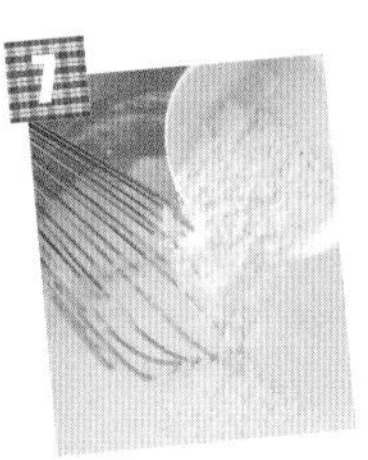

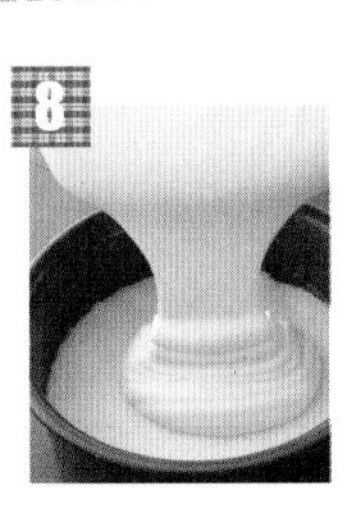

8

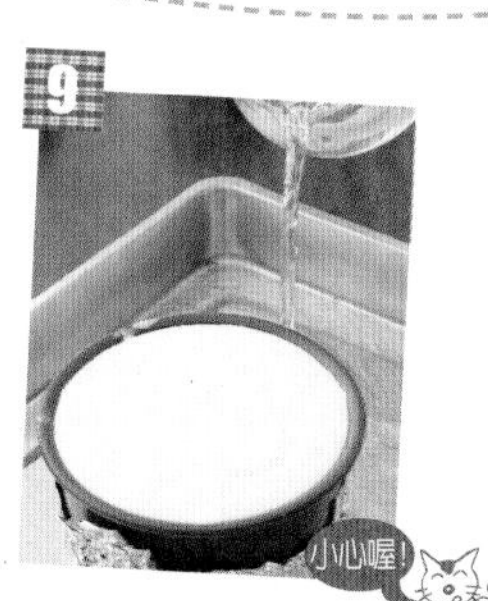

帶有酒味、搭配新鮮瑞可塔起司做成的布朗尼，你一定沒嘗過！以苦甜巧克力為基底的特殊風味甜點，絕對不可錯過。

蔓越莓布朗尼

CRANBERRY BROWNIE

材料：

- 模具→21×11公分長條模1個
- 底層→無鹽奶油100克、細砂糖100克、全蛋2個、鹽1/4小匙、苦甜巧克力塊200克、低筋麵粉100克、香草精1/2小匙
- 內餡→蔓越莓乾20克、紅酒60c.c.、瑞可塔起司（ricotta cheese）120克、奶油起司（cream cheese）120克、酸奶油60克、全蛋1個、細砂糖30克、鹽少許

做法：

1. 苦甜巧克力塊隔水加熱融化，放涼備用。
2. **製作底層：**將奶油、細砂糖一起放入攪拌器，快速打3分鐘使其變軟且均勻，再一次加入一個全蛋拌至光滑，續入鹽、香草精拌勻，再將苦甜巧克力與低筋麵粉加入快速拌勻，倒入烤模，進冰箱冷凍3分鐘備用。
3. **製作內餡：**將蔓越莓乾與紅酒混合，可於前一晚先放入冰箱冷藏7小時或以微波加熱1分鐘，然後撈起蔓越莓乾。
4. 將瑞可塔起司、奶油起司、酸奶油倒入盆中拌軟，續入蔓越莓乾拌勻，再拌入蛋黃、細砂糖，攪拌至無顆粒。
5. 另取一鋼盆，放入少許蛋白、鹽打發，倒回起司餡料中拌勻。
6. 輕輕拌勻內餡後，倒入烤模，進烤箱以爐溫170℃烤30～40分鐘即成。

+ 這裡要注意 +

事先將蔓越莓乾泡紅酒，可幫助蔓越莓乾吸收紅酒香氣，而且泡酒或以微波爐微波，可使蔓越莓乾變軟。

藍莓起司

BLUEBERRY CHEESE CAKE

冰冰涼涼的藍莓起司慕斯蛋糕，是夏天炎熱午後最適合來上兩口的甜點，
還有一顆顆果粒藏在蛋糕裡，更能體驗滿足的滋味。

材料：

✤模具→6吋蛋糕模1個

✤底層→消化餅乾90克、無鹽奶油30克

✤內餡→奶油起司（cream cheese）220克、細砂糖50克、全蛋1個、低筋麵粉30克、香草精1/8小匙

✤表層裝飾→酸奶油150克、市售味全原味優格75克、糖粉15克、藍莓果醬150克

+ 這裡要注意 +

選擇含有藍莓果肉顆粒的藍莓醬最佳，而且可以先將一部份的藍莓醬加入內餡裡，製作完成的起司蛋糕藍莓味才會濃厚。

做法：

1. **製作底層：**將餅乾捏碎後倒入盆中，與融化的奶油拌勻。
2. 將慕斯圈直接放在烤盤上或底部包覆上錫箔紙，再將餅乾碎倒入圓形慕斯圈中，以湯匙背面壓平，放入冰箱中冷藏備用。
3. **製作內餡：**奶油起司放入一小盆拌軟至無顆粒，再加入細砂糖拌勻。
4. 續加全蛋和香草精拌勻，倒入過了篩的低筋麵粉拌勻，再倒入烤模，進烤箱以爐溫160℃烤約45分鐘。
5. **製作表層：**將酸奶油、優格、糖粉一同拌勻。將酸奶油餡塗抹在起司蛋糕表面，再將藍莓果醬裝入擠花袋，然後擠在酸奶油餡上即成。

這樣切，起司更好吃

某天心血來潮買來一塊塊圓的、方的起司塊，這該怎麼切來吃呢？當然，全憑各人喜好，吃多少切多少很方便，但不同的切法會使起司產生口味上的微妙變化，學會以下幾種切法，可以讓你的起司更美味！

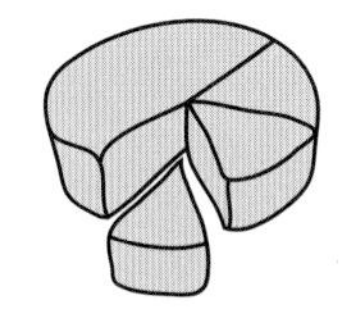

1．圓形起司、甜甜圈形起司

像卡門貝爾起司（camembert cheese）、高達起司（gouda cheese）這種扁圓形的起司，先從中間剖一半成兩個半圓形，再從中心向外呈放射狀切開。

2．四方形起司

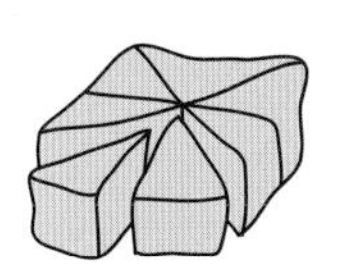

四方形起司可如切蛋糕般，從中心向外呈放射狀切開，成一塊塊三角形。

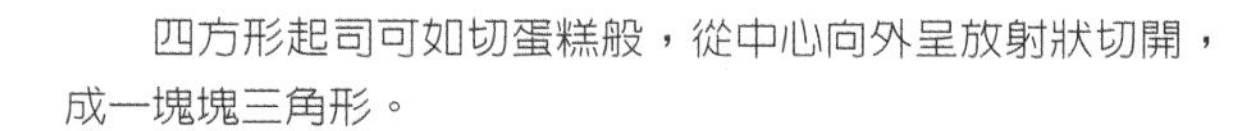

3．長條圓筒形起司

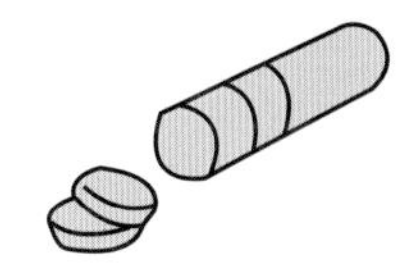

可切成一片片約0.5～1公分厚的圓片，方便食用。

4．金字塔形起司

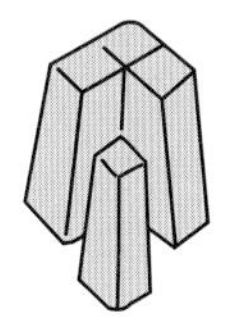

金字塔形的起司就如同圓形起司、圓筒形起司般，從中心向外呈放射狀切開，呈楔形狀。

5．三角形起司

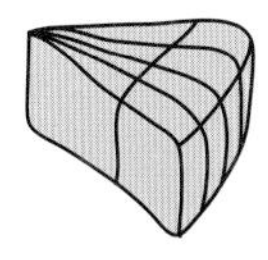

從三角形起司的頂點向外側邊緣切去，使每片起司大小厚薄平均。

6．U形起司

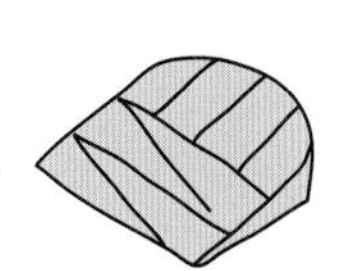

如圖先將U形起司前面薄的部分切成三角形，再將後面部份平均切開。

MARBLE CHEESE CAKE

整塊蛋糕上漂浮著如圖畫般的大理石花紋，
眞讓人捨不得切開吃掉……

大理石起司

材料：

✤模具→6吋蛋糕模1個

✤底層→巧克力蛋糕屑180克、無鹽奶油45克、細砂糖15克

✤內餡→奶油起司（cream cheese）350克、細砂糖70克、全蛋2個、香草精1/2小匙、苦甜巧克力塊50克、牛奶20c.c.

做法：

1. **製作底層：**將巧克力蛋糕屑、砂糖和融化的奶油倒入盆中，用手輕輕拌勻，然後倒入烤模壓緊，進烤箱以爐溫180℃烤15分鐘，取出再壓緊，然後放涼備用。
2. **製作內餡：**將奶油起司和細砂糖倒入盆中，用打蛋器拌勻至軟，再加入全蛋、香草精拌勻，即成內餡。
3. 取70克內餡放入一小盆內備用，另將剩餘的內餡倒入烤模中。
4. 苦甜巧克力塊隔水加熱融化備用。
5. 將融化的巧克力和70克內餡拌勻，倒入擠花袋，隨意擠在烤模內的起司餡上，再以細竹籤在表面稍勾出花紋。
6. 進烤箱以爐溫140℃烤30～40分鐘，或表面用手輕搖不會晃動即成。

+ 這裡要注意 +

巧克力若直接以火融化容易焦化，所以必須用隔水加熱的方式來融，利用下鍋中水沸騰的蒸氣融化上鍋中的巧克力，詳細做法可參見p.14融化巧克力。

THE DOG WHO LIKED CHEESE

名字：Vive（法文中「萬歲」之意）
歲數：保密，持續增加中
身材：黃金獵犬中的F4
喜歡：交朋友、吃、補眠
照片中正打算：偷吃起司原料和點心

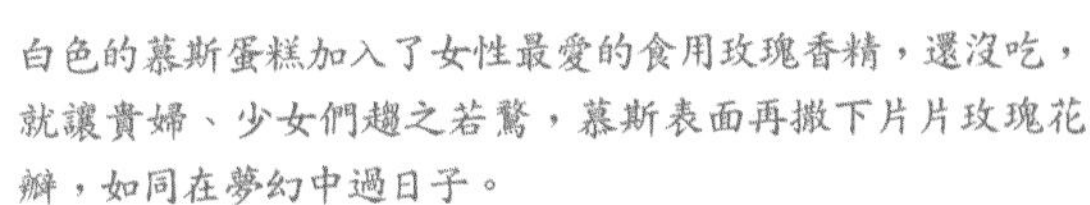

白色的慕斯蛋糕加入了女性最愛的食用玫瑰香精，還沒吃，就讓貴婦、少女們趨之若鶩，慕斯表面再撒下片片玫瑰花瓣，如同在夢幻中過日子。

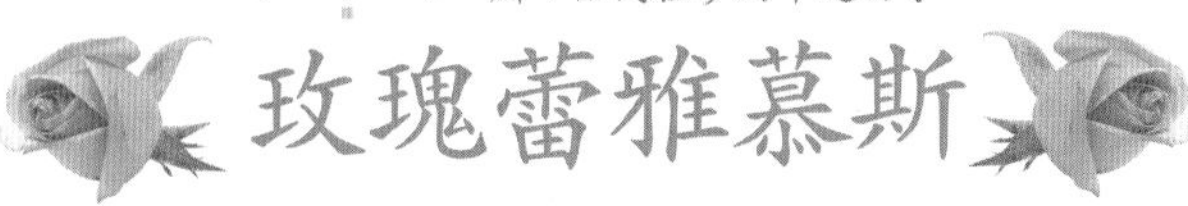

玫瑰蕾雅慕斯

ROSE RARE CHEESE MOUSSE

材料：

- 模具→6吋蛋糕模1個
- 底層→消化餅乾90克、無鹽奶油30克
- 內餡→奶油起司（cream cheese）150克、原味優格60克、動物性鮮奶油200克、牛奶60c.c.、細砂糖50克、吉利丁片9克、檸檬汁5c.c.、乾燥玫瑰花瓣15克、玫瑰香精1/8小匙
- 表層裝飾→新鮮玫瑰花瓣適量

做法：

1. **製作底層：**將餅乾捏碎，與融化的奶油拌勻，然後放入模型內壓緊，進冰箱冷藏備用。
2. **製作內餡：**將吉利丁片放入冰水中泡軟備用。
3. 取一鍋，倒入一半的動物性鮮奶油、牛奶和糖，以中火煮至快沸騰前關火，加入玫瑰香精與泡軟的吉利丁，用餘熱拌一下使其溶化。
4. 續入軟化的奶油起司和優格拌勻。
5. 繼續慢慢擠入檸檬汁。
6. 將剩餘一半的動物性鮮奶油打發，倒入內餡鍋中。
7. 將打發鮮奶油和內餡拌勻。
8. 將內餡倒入模型內，進冰箱冷藏1～2小時即成。
9. 待定型後，周邊以熱毛巾包裹脫模即成。

小心喔!

+ 這裡要注意 +

1. 如果買不到玫瑰香精，可以香草精取代。
2. 想要慕斯類點心脫模漂亮，可以利用噴槍將慕斯圈邊加熱，使冰硬的慕斯稍融脫模。如果沒有噴槍，可利用熱毛巾包裹慕斯圈外圍，使其漂亮脫模，千萬不可以用刀刮邊緣。

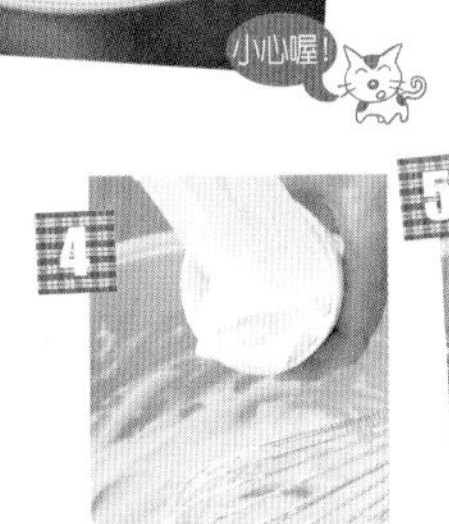

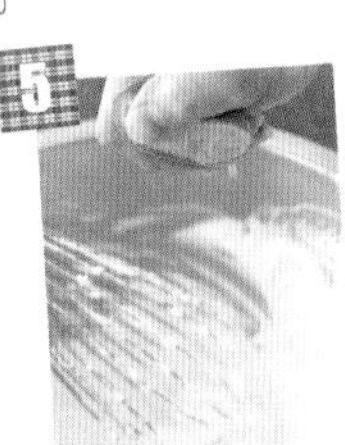

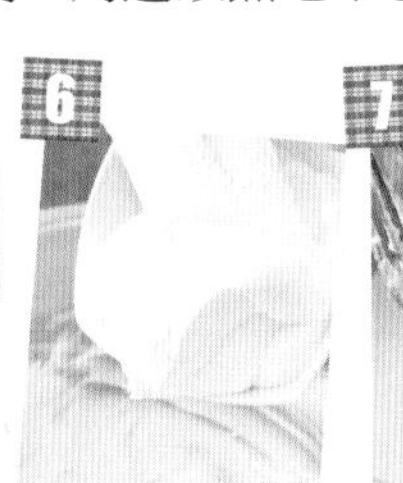

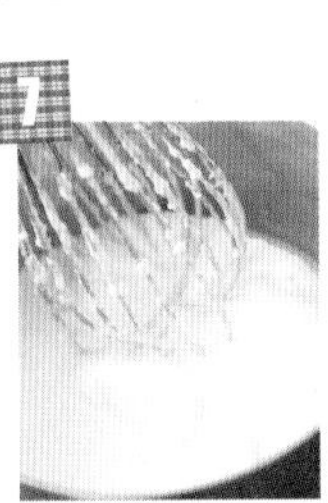

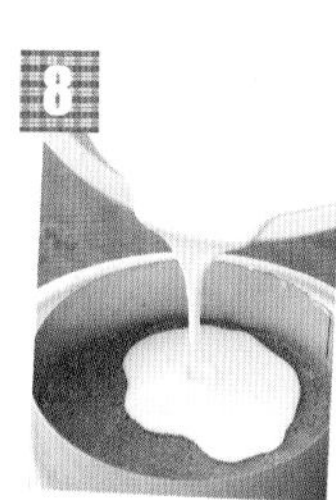

TIRAMISU 提拉米司

義大利的國寶級甜點提拉米司，是下午茶、宴客小點、野餐點心中不可缺少的頭號甜點，香濃的特調咖啡味起司，還有口感特殊的手指餅乾，馬上就來做做看！

提拉米司 TIRAMISU

材料：

- 模具→咖啡杯6個
- 底層→市售手指餅乾12片
- 內餡→馬司卡彭起司（mascarpone cheese）200克、動物性鮮奶油100克、細砂糖50克、蛋黃2個、蛋白1個、蘭姆酒15c.c.、可可粉適量
- 咖啡液→即溶咖啡粉15克、熱開水30c.c.、咖啡酒30c.c.
- 表層裝飾→可可粉適量

做法：

1. **製作咖啡液：**將即溶咖啡粉加熱開水拌勻，加入咖啡酒拌勻，即成咖啡液。
2. **製作內餡：**將蛋黃和一半的細砂糖倒入盆中，以隔水加熱拌至糖融化，然後與馬司卡彭起司拌勻。
3. 將動物性鮮奶油打發，倒入蘭姆酒拌勻，再將馬司卡彭起司糊倒入拌勻。
4. 將蛋白與剩餘的細砂糖打發（參見p.14打發蛋白），分2～3次拌入馬司卡彭起司糊中混勻，即成內餡。
5. 將手指餅乾鋪入模型中當底層。
6. 將內餡倒入鋪好手指餅乾的模型中，進冰箱冷藏1～2小時。食用時，表面均勻撒上可可粉。

+ 這裡要注意 +

蛋黃隔水加熱可避免蛋黃熟硬，也有消毒的功效。

柳橙口味的甜點一向是最受大人小孩的歡迎，不僅富含果肉、果汁，還能中和過甜的食材，讓甜點口味更豐富。

柳橙起司慕斯

ORANGE CHEESE MOUSSE

材料：

♣模具→6吋蛋糕模1個

♣底層→6吋香草蛋糕1片

♣內餡→吉利丁片10克、奶油起司（cream cheese ）120克、蛋白1.5個、蛋黃1.5個、細砂糖80克、卡特吉起司（cottage cheese）180克、橘子甜酒15c.c.、橘子皮1個

做法：

1. **製作內餡：**將吉利丁片放入冰水中泡，使其軟化。橘子皮刨成屑。
2. 將奶油起司拌軟。取蛋黃和30克細砂糖隔水加熱打至濃稠變白，加入奶油起司拌勻，續入卡特吉起司拌勻，即成起司糊。
3. 取已泡軟的吉利丁片隔水加熱融化，續入橘子甜酒、橘子皮屑拌勻，再加入起司糊拌勻。將蛋白與剩餘的細砂糖打發後，倒入起司糊拌勻，即成內餡。
4. 將蛋糕片鋪入模型中當底層。
5. 將內餡倒入模型中，進冰箱冷藏3～4小時即可食用。

+ 這裡要注意 +

1. 奶油起司亦可用馬司卡彭起司替代；軟質白乾酪亦可用酸奶油（sour cream）來替代。
2. 香草蛋糕片DIY：可參見p.53咖啡核桃蛋糕的做法1.，但此處為6吋蛋糕片，所以材料需更改為全蛋2.5個、細砂糖75克、低筋麵粉65克、牛奶20c.c.。

BLACK COOKIES MOUSSE

以小朋友最喜歡的OREO黑色餅乾做成的點心，在兩片中間夾著白蘭地酒味的新鮮濃濃起司，讓你的寶貝一口接一口。

黑色餅乾慕斯

材料：

- 模具→直徑6公分小圓模8個
- 底層→OREO巧克力餅乾150克、無鹽奶油30克
- 內餡→牛奶50c.c.、白巧克力100克、動物性鮮奶油200克、白蘭地15c.c.、吉利丁片5克、奶油起司（cream cheese）200克、OREO巧克力餅乾50克
- 表層裝飾→巧克力甘那許醬適量

做法：

1. **製作底層：**將切碎的OREO巧克力餅乾、融化的奶油倒入盆中拌勻，再放入圓模內壓平，進冰箱冷藏30分鐘以上備用。
2. **製作內餡：**將吉利丁片放入冰水中泡，使其軟化。白巧克力切成碎塊放入鋼盆中，OREO巧克力餅乾切碎，鮮奶油打發（參見p.14打發鮮奶油）。
3. 將牛奶倒入白巧克力鍋中，以隔水加熱的方式融化白巧克力。
4. 取已泡軟的吉利丁片隔水加熱融化，續入白蘭地酒，再倒入融化的白巧克力拌勻。
5. 將奶油起司隔水拌軟，倒入做法4.中拌勻，再拌入打發的鮮奶油、OREO餅乾碎混勻，即成內餡。
6. 將內餡倒入模型中，進冰箱冷凍3～4小時，待冰硬後取出脫模，淋上事先隔水融化的巧克力甘那許醬（參見p.23），再移入冰箱冷藏，待慕斯退冰軟化即可食用。

+ 這裡要注意 +

1. 奶油起司亦可用馬司卡彭起司替代。
2. 除了之前提過將起司放在室溫下回軟，隔水加熱也是較快速回軟的方法。

CHEESE CHIFFON CAKE

在鬆軟的蛋白糊中加入軟化了的起司，經過一段時間烘焙後，麵糊膨脹得高高，變成好吃的蛋糕，推薦給喜歡輕食口味的人。

起司戚風蛋糕

材料：

- 模具→16.5公分戚風蛋糕模型1個
- 法國布藍酸奶油起司（French fromage blanc）120克、蛋黃3個、柳橙汁50c.c.、柳橙皮1個、沙拉油30c.c.、低筋麵粉70克、蛋白5個、細砂糖70克

做法：

1. 將軟化的起司放入攪拌盆內，分次加入蛋黃，用打蛋器仔細拌匀。
2. 加入柳橙汁、柳橙皮屑拌勻，續入沙拉油拌匀。
3. 一邊加入低筋麵粉，一邊同時以打蛋器拌匀，即成起司糊。
4. 將蛋白、細砂糖打至濕性發泡（參見p.14打發蛋白）。
5. 取1/3量的蛋白加入起司糊中拌匀，再倒入剩餘的1/2 拌匀。
6. 將拌匀的起司糊倒入剩餘的蛋白內拌匀，然後倒入戚風模型內並輕敲一下。
7. 將模型放入烤箱，以爐溫170℃烤約30分鐘，待出爐後輕敲一下倒扣，將烤模底部朝上，可避免蛋糕變形。待冷卻後脫模即成。

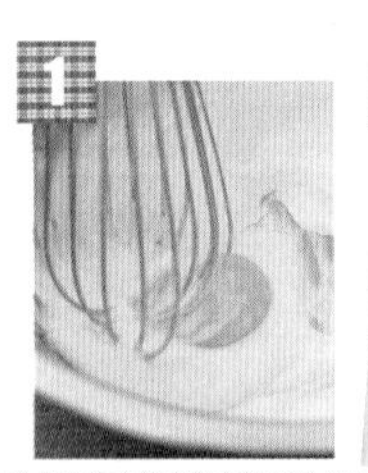

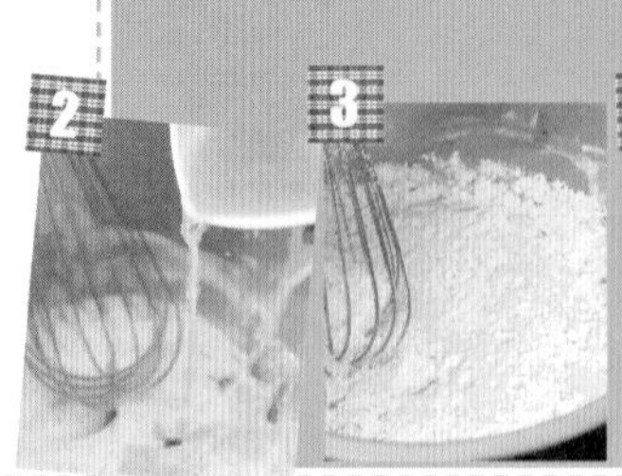

+ 這裡要注意 +

1. fromage blanc即fromage frais，是指新鮮未熟的起司，質地是軟的起司，像卡特吉起司（cottage cheese）或瑞可塔起司（ricotta cheese）等都是，買不到時可用奶油起司（cream cheese）代替。
2. 做法6.中輕敲一下，可使待會烤出來的蛋糕能定型，而且不會縮小。

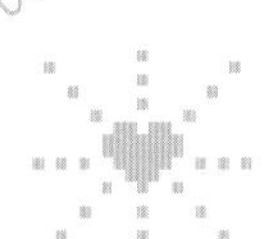

膨鬆的蛋白蛋糕體，抹上最有人氣的組合——馬司卡彭起司+新鮮草莓，再以橘子甜酒稍加點綴，是一道視覺味覺都能獲得滿足的精緻甜點。

草莓蛋白卷

STRAWBERRY ROLL CAKE

材料：

- 蛋白蛋糕→蛋白6個、細砂糖300克、 檸檬汁1/2個、檸檬皮1/2個、高筋麵粉少許
- 夾餡→馬司卡彭起司（mascarpone cheese）250克、動物性鮮奶油150克、糖粉50克、橘子甜酒30c.c.、新鮮草莓10顆

做法：

1. **製作蛋白蛋糕：**將蛋白和1/3量的細砂糖用打蛋器先稍打出泡，再將剩餘的細砂糖加入，繼續打至濕性發泡（參見p.14打發蛋白），然後拌入檸檬汁、檸檬皮末。
2. 將打發蛋白裝入擠花袋中，以直徑1公分的圓孔花嘴擠在鋪上烤盤紙的烤盤上（擠成一條條連接緊密的長條狀），放入烤箱中以爐溫160℃烤約20分鐘至表面呈微金黃色後出爐。
3. 另取一張白報紙，撒上些許高筋麵粉，將出爐的蛋白蛋糕反扣在紙上，小心趁熱撕下蛋糕上的烤盤紙，放涼備用。
4. **製作夾餡：**將馬司卡彭起司用打蛋器打軟，依序加入糖粉、動物性鮮奶油和橘子甜酒拌勻。
5. 將蛋糕平鋪在白報紙上，烘焙面（貼近烤模的那一面）朝上，均勻抹平起司內餡，將草莓放在蛋糕邊緣內側1公分處，然後以雙手扶起蛋糕兩側捲起，如同做瑞士卷般捲好。
6. 將蛋糕卷放進冰箱2小時，食用時，取出來切塊，再於表面撒些許糖粉即可。

+ 這裡要注意 +

打蛋白蛋糕最重要的，就是掌握好蛋白的打發程度，打過發蛋白會膨脹得過高，打得不夠發，烤出來的蛋糕又不易膨脹且較濕黏。

COFFEE NUTS CAKE

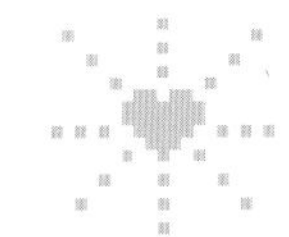

咬起來酥脆作響的核桃，最適合當作各類蛋糕、點心的內餡，將其放入加了咖啡味的海綿蛋糕裡，光吃一口就有多重享受。

咖啡核桃蛋糕

材料：

♣模具→8吋蛋糕模1個

♣底層→全蛋4個、細砂糖125克、低筋麵粉110克、牛奶30c.c.、無鹽奶油20克、即溶咖啡粉5克

♣內餡→瑞可塔起司（ricotta cheese ）250克、細砂糖 60克、現磨義大利咖啡粉30～45克、咖啡酒適量、核桃100克

♣表層裝飾→巧克力片適量、市售打發鮮奶油適量

做法：

1. **製作底層蛋糕：**全蛋打散後倒入鋼盆，加入細砂糖，用攪拌機快速打發至蛋糊表面以手指劃過會出現劃痕，但2秒後又回復的程度，再轉慢速攪拌至蛋糊以手指劃過劃痕不易密合的程度。加入過了篩的低筋麵粉，輕輕與蛋糊拌勻。
2. 將奶油與牛奶倒入盆中隔水加熱至奶油融化，續入即溶咖啡粉拌勻，然後慢慢加入蛋糊，輕輕拌勻。
3. 將蛋糕糊倒入模型內輕敲一下，進烤箱以爐溫180℃烤25分鐘，待出爐後倒扣冷卻備用。
4. **製作內餡：**將瑞可塔起司打散加入細砂糖拌勻，再依序加入義大利咖啡粉、咖啡酒和核桃拌勻。
5. 將冷卻的咖啡蛋糕分切成3片，抹上內餡後外層再抹上鮮奶油即成。

＋ 這裡要注意 ＋

以攪拌機或手動攪拌器打蛋糊是較輕鬆的方式，但家裡若沒有機器，也可以用打蛋器自己打發，但要注意攪拌的速度和方向要盡量保持一致。

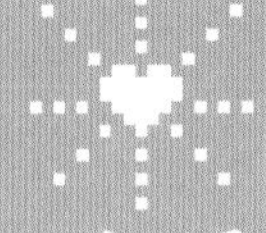

一層疊完再疊一層，將剛煎好的薄餅慢慢堆疊起來，看著每層餅中的蜂蜜起司內餡自然流出，恨不得立刻大快朵頤起來。

千層蛋糕

材料：

✤模具→直徑24公分平底鍋1個

✤薄餅→低筋麵粉80克、細砂糖20克、鹽1/2小匙、全蛋2個、奶油20克、牛奶220c.c.

✤夾餡→動物性鮮奶油200克、糖粉20克、奶油起司（cream cheese）200克、蜂蜜20克

做法：

1. **製作薄餅**：將過了篩的低筋麵粉、細砂糖和鹽一起混合均勻，再加入全蛋拌勻，續入融化後的奶油拌勻，然後加入牛奶混合拌勻，即成麵糊。
2. 平底鍋燒熱，在鍋中塗上薄薄一層沙拉油，將1大匙麵糊（約15克）倒入，使麵糊汁液向外擴散成約24公分薄薄一片，先煎一面，待呈微金黃色即翻面，再煎約5秒即可，重複此動作煎至麵糊煎完，可煎出許多片薄餅。
3. **製作夾餡**：將動物性鮮奶油倒入鋼盆，加入糖粉打約七、八分發，輕輕拌入已軟化的奶油起司和蜂蜜，但注意不要過度攪拌以免油水分離。
4. 將拌好的內餡抹在煎好的薄餅上，再蓋上一片薄餅，重複此動作數次即成千層蛋糕。

CHEESE MILLE CREPES

+ 這裡要注意 +

1. 此處的融化奶油要以隔水加熱的方式融化，可參見p.15。
2. 打發鮮奶油可參見p.14。

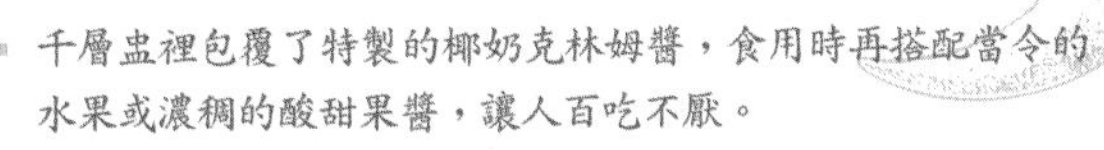

千層盅裡包覆了特製的椰奶克林姆醬，食用時再搭配當令的水果或濃稠的酸甜果醬，讓人百吃不厭。

起司千層盅

CHEESE MILLE FEUILLE

材料：

- 模具→直徑6公分圓模1個、直徑4或5公分圓模1個
- 派皮→市售起酥皮（13×13公分）2張、蛋液適量
- 內餡→馬司卡彭起司（mascarpone cheese）100克、椰奶克林姆醬200克
- 椰奶克林姆醬→椰奶300c.c.、蛋黃3個、細砂糖60克、玉米粉10克、低筋麵粉15克、無鹽奶油10克

做法：

1. **製作派皮：** 取一直徑6公分的圓模將2片派皮裁下，將其中一片派皮用更小的切模把派皮裁成中空，即成一片實心，一片中空心環狀。
2. 在實心派皮外圍刷上水，蓋上中空派皮，放在烤盤上，進冰箱冷藏約15分鐘使其鬆弛。
3. 將派皮取出，刷上蛋液，在派皮中空處用叉子刺幾個洞，避免烘焙時膨脹。
4. 進烤箱以爐溫210℃烤25分鐘。
5. **製作椰奶克林姆醬：** 將蛋黃、細砂糖拌勻至糖溶化，加入過了篩的玉米粉、低筋麵粉。
6. 椰奶加熱至鍋邊冒小泡後沖入做法5.的鍋中拌勻，過篩後再倒回鍋中，以中、小火邊煮邊拌至滾，以免燒焦至煮成稠狀。
7. 續入奶油拌至溶化且均勻，待冷卻後蓋保鮮膜備用，即成椰奶克林姆醬。
8. **製作內餡：** 取200克椰奶克林姆醬和馬司卡彭起司拌勻，即成內餡。
9. 將內餡裝入擠花袋，然後擠在烤好派皮的中空處。食用時淋上果醬或喜歡的水果即可。

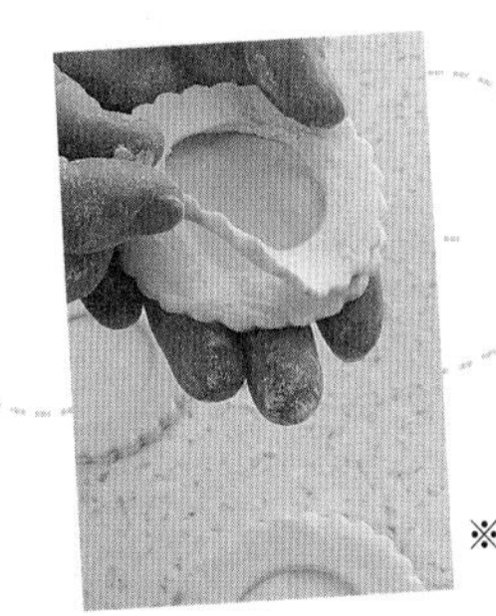

※將空心環狀酥皮蓋上！

+ 這裡要注意 +

因為只是將內餡填入千層盅裡，所以選用擠花嘴的大小和形狀較無影響。如無擠花嘴，也可將內餡填入小塑膠袋裡，將袋口轉緊，並在袋口剪一小洞，即成自製擠花袋。

在餅乾麵糰中加入切達起司，烤出來的餅乾美味不可言喻，若再撒上香氣特別的香蜂草末，不管搭配咖啡或奶茶吃，都是頓愉快的下午茶佳餚。

香草起司餅乾

VANILLA CHEESE COOKIE

材料：

低筋麵粉100克、泡打粉1/2小匙、鹽1/8小匙、無鹽奶油70克、切達起司（cheddar cheese）70克、香蜂草末30克

做法：

1. 將奶油放在室溫下，使其軟化。
2. 將已軟化的奶油、低筋麵粉、泡打粉和鹽用手揉捏拌匀混合，加入切達起司拌匀。
3. 續入香蜂草末拌匀，即成麵糰，進冰箱冷藏約10分鐘。
4. 用擀麵棍將麵糰擀成直徑5公分、厚3公釐的小圓片，並用叉子在表面刺洞。
5. 將生餅乾放在烤盤上，進烤箱以爐溫170℃烤10～15分鐘，待出爐後冷卻即可。

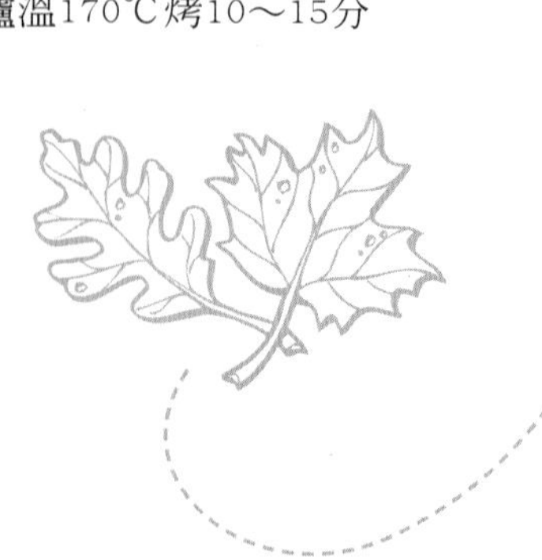

+ 這裡要注意 +

1. 香蜂草是薄荷的一種，最大的特色是葉子聞起來有檸檬的味道，可在花市買到。
2. 生餅乾上面刺洞，可使烤出來的餅乾面較平整、漂亮。

利用酥脆派皮做成底，倒入以切達起司、帕梅森起司調合而成的內餡，出爐後的金黃色澤和陣陣烘焙香，適合三五好友趁熱吃光。

起司條

CHEESE BAR

材料：

派皮1份（約300克）、全蛋1個、切達起司（cheddar cheese）60克、帕梅森起司（ parmesan cheese ）60克

做法：

1. 派皮的材料和做法可參見p.75香蕉夏威夷果派。
2. 將切達起司、帕梅森起司分別刨成末狀。全蛋打散成蛋液。
3. 將派皮擀成約0.3公分厚的麵皮，以毛刷在麵皮上刷上蛋液，先將切達起司末均勻撒在約一半的麵皮上。
4. 將麵皮對折，再擀薄成約0.3公分厚的麵皮。
5. 麵皮表面再塗上蛋液，並撒上帕梅森起司末，以手輕輕拍壓，幫助起司末附在麵皮上。
6. 將麵皮切成2×8公分的長方形，整齊排放在烤盤上，進烤箱以爐溫170℃烤15～20分鐘，至表面呈金黃色即成。

+ 這裡要注意 +

整型完的麵皮一定要以叉子刺些小洞，防止派皮受熱膨脹時變型。

口味厚實的磅蛋糕，口感絕不是濕潤、細緻的天使、戚風蛋糕所能比擬的，濃郁的奶油和起司味，才是吃蛋糕的最大享受。

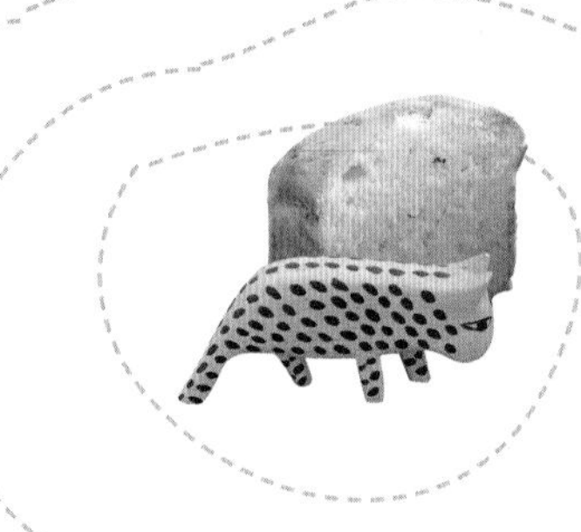

起司磅蛋糕

材料：

- 模具→21×11公分長條模型1個
- 低筋麵粉250克、泡打粉（B.P.）30克、無鹽奶油100克、細砂糖50克、鹽1/4匙、全蛋2個、牛奶120c.c.、艾登起司（edam cheese ）75克、愛曼托起司（ emmental cheese ）75克

做法：

1. 在模型內側和底部抹上奶油，再放入剪裁好適當大小的烘焙紙。
2. 取一攪拌盆，倒入已軟化的奶油和細砂糖，攪拌打發成乳白色。
3. 將蛋分次加入拌勻，注意勿攪拌過度，否則會呈油水分離狀。
4. 加入低筋麵粉。
5. 將麵粉拌勻，記得不要拌過度使麵糊出筋。
6. 將刨成末狀的起司拌入。
7. 將麵糊倒入模型中，用刮刀將麵糊表面刮平，使中間凹入而兩邊較高。將模型放進已預熱的烤箱，以爐溫175℃烤約30分鐘即成。

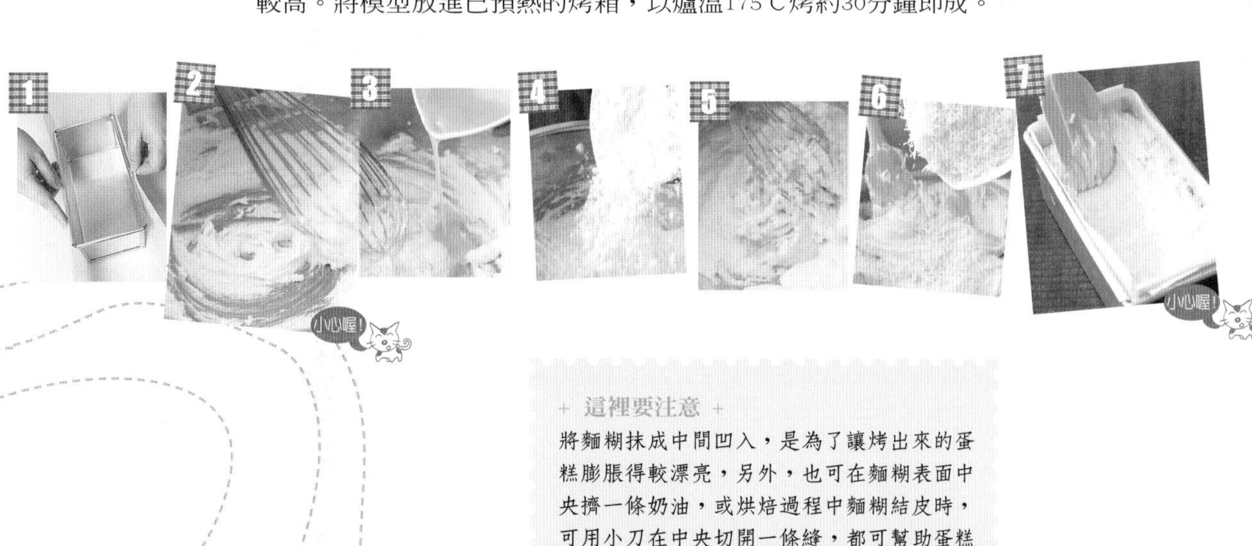

+ 這裡要注意 +

將麵糊抹成中間凹入，是為了讓烤出來的蛋糕膨脹得較漂亮，另外，也可在麵糊表面中央擠一條奶油，或烘焙過程中麵糊結皮時，可用小刀在中央切開一條縫，都可幫助蛋糕膨脹得漂亮。

即使不喜歡口味極特別的藍黴起司，也別輕易放棄了其獨特的風味。試著加入巧克力，有了巧克力佐味的藍黴起司，一定能讓你接受。

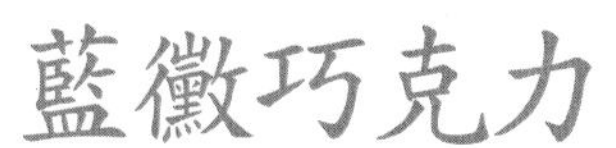

藍黴巧克力

BLUE CHEESE CHOCOLATE

材料：

無鹽奶油60克、巧克力塊100克、蛋黃3個、細砂糖90克、低筋麵粉10克、蛋白3個、藍黴起司（blue cheese）60克

做法：

1. 巧克力切碎塊。藍黴起司切1公分塊狀，放進冰箱冷藏保存備用。
2. 將奶油、巧克力碎塊隔水加熱使其融化。
3. 另取一鋼盆，倒入蛋黃、30克糖拌勻，倒入已融化的奶油、巧克力拌勻，續入低筋麵粉混合拌勻，即成巧克力糊。
4. 再取一鋼盆，加入蛋白和60克糖以慢速打溶後，再轉快速打發。
5. 取一半的打發蛋白拌入巧克力糊，以刮刀拌勻，再倒入剩餘蛋白，輕柔慢慢的拌勻。
6. 將拌好的巧克力糊倒入小烤盤內，平均放入藍黴起司塊，進烤箱以爐溫170℃烤25分鐘，取出後放涼即可食用。

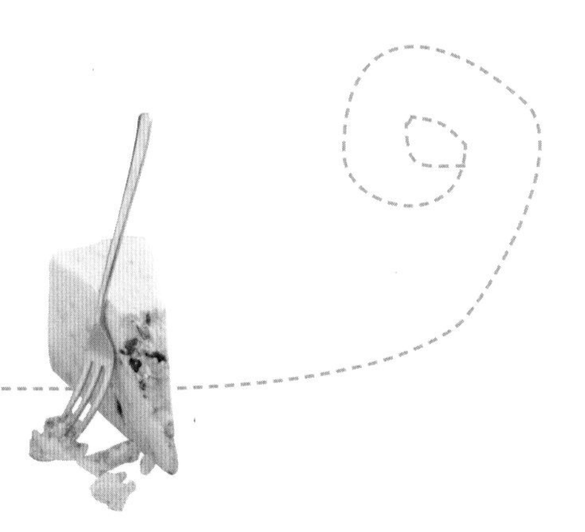

+ 這裡要注意 +

藍黴起司是種口味極為特殊的起司，再加上巧克力，這道藍黴巧克力算是超重口味的點心。如果不喜歡藍黴起司口味的人，可以其他半硬質起司，像高達起司（gouda cheese），以及新鮮的奶油起司（cream cheese）替代。

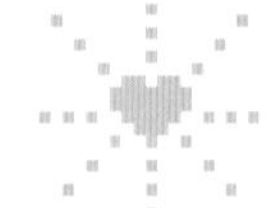

加入了阿薩姆紅茶葉，以及肉桂粉、荳蔻粉等香料製作的瑪芬，有別於一般藍莓、核桃等傳統瑪芬，咬一口滲出的紅茶香，更是這道瑪芬不敗的秘訣。

香料紅茶瑪芬

SPICE WITH RED TEA MUFFIN

材料：

♣模具→直徑5.5公分瑪芬蛋糕紙模12個

♣低筋麵粉120克、泡打粉5克、無鹽奶油35克、奶油起司（cream cheese）70克、細砂糖70克、全蛋1個、牛奶50c.c.、阿薩姆紅茶葉15克、肉桂粉1/4小匙、荳蔻粉1/8小匙

做法：

1. 阿薩姆紅茶葉加入30c.c.的水，用中火煮開放涼，過濾備用。
2. 將奶油、糖放入盆中，用打蛋器打發，加入已拌軟的奶油起司並拌勻。
3. 續入全蛋拌勻，再加入低筋麵粉和所有粉類材料稍微攪拌，尚未拌勻前倒入牛奶再拌勻。
4. 加入阿薩姆紅茶汁，以橡皮刮刀輕輕拌勻，即成瑪芬糊。
5. 將瑪芬糊倒入模型內，約倒六、七分滿，進烤箱以爐溫180℃烤25～30分鐘即成。

泡芙這種大眾化的甜點你一定常吃，現在來點變化吧！換掉傳統的奶油內餡，改成以奶油起司和水果甜酒製作的起司餡，幫泡芙變身一下。

起司泡芙 CHEESE PUFF

材料：

♣泡芙→牛奶90c.c.、水90c.c.、無鹽奶油90克、鹽1/2小匙、低筋麵粉120克、全蛋4個

♣內餡→奶油起司（cream cheese）200克、動物性鮮奶油160克、糖粉40克、水果甜酒20c.c.

做法：

1. **製作泡芙：**將牛奶、水、奶油和鹽倒入鍋中，以大火煮至奶油溶化，然後等沸騰即可熄火。倒入過了篩的低筋麵粉，邊開中火，邊以打蛋器拌勻至鍋底有點焦並結皮狀態，然後倒入另一鍋中。
2. 分次加入全蛋，以木匙拌勻，且利用餘熱拌勻，即成麵糊。
3. 取一烤盤，刷上薄薄一層白油，將麵糊裝入0.8公分圓口花嘴的擠花袋中，擠出約3公分大的麵糊，每隔2公分的距離擠一個，避免麵糊膨脹起來時相黏。
5. 表面刷上蛋液，進烤箱以爐溫200℃烤約15分鐘，至表面呈金黃色，出爐放涼備用。
6. **製作內餡：**將奶油起司打軟。將動物性鮮奶油和糖粉打發，慢慢拌入水果甜酒。
7. 將奶油起司倒入水果甜酒糊中，輕柔的拌勻後過篩，裝入齒狀花嘴的擠花袋內。
8. 將冷卻的泡芙中間橫切一個開口，擠入起司餡，也可放入些新鮮水果。

+ 這裡要注意 +

每隔2公分的距離擠一個麵糊，是為了避免麵糊膨脹起來時相黏，所以麵糊的位置不可太接近。

※隔2公分距離擠麵糊

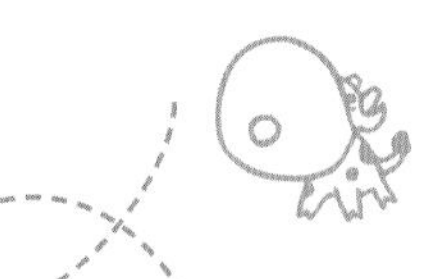

柔滑軟嫩的白色奶酪給人一股清爽的感覺，一口吃下，滿嘴的奶香，材料中多加入卡門貝爾起司，再淋上自製的櫻桃檸檬酒汁，「美味」兩字仍不足以形容。

起司奶酪

CHEESE PANNA CÓTTA

材料：

♣模具→容量180c.c.的模型杯8個

♣奶酪→卡門貝爾起司（camembert cheese）300克、吉利丁片5克、牛奶750c.c.、細砂糖100克

♣醬汁→新鮮櫻桃250克、細砂糖25克、水果甜酒20c.c.、檸檬汁少許

做法：

1. **製作奶酪：**將吉利丁片放入冰水中泡，使其軟化。
2. 將砂糖、牛奶、已拌軟的卡門貝爾起司放入鍋中，以小火煮滾，然後倒入攪拌盆內，加入軟化的吉利丁片拌勻至溶化，再隔冰水拌至完全冷卻，即成奶酪。
3. 將已冷卻的奶酪倒入模型內，進冰箱冷藏至凝固。
4. **製作醬汁：**將新鮮櫻桃、細砂糖倒入鍋內，開小火煮2～3分鐘，煮的過程中可加少許水避免煮焦，待冷卻後加入水果甜酒、檸檬汁拌勻，即成醬汁。
5. 取出已定型的奶酪倒在點心盤中，淋上少許醬汁即成。

+ 這裡要注意 +

拌勻的起司牛奶液若有些氣泡，可用紙巾將氣泡沾去，再倒入杯中即可。

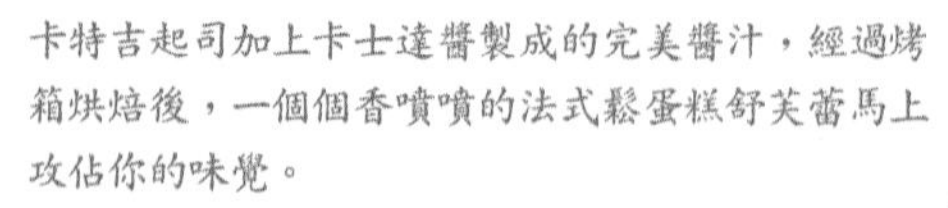

卡特吉起司加上卡士達醬製成的完美醬汁，經過烤箱烘焙後，一個個香噴噴的法式鬆蛋糕舒芙蕾馬上攻佔你的味覺。

舒芙蕾 SOUFFLES

材料：

- 模具→直徑8公分烤杯5～6個
- 其他→卡士達醬120克、卡特吉起司（cottage cheese）200克、蛋白5個、細砂糖50克、糖粉少許
- 卡士達醬→牛奶300c.c.、蛋黃3個、細砂糖60克、玉米粉10克、低筋麵粉15克、無鹽奶油10克

做法：

1. 裁剪出5.5公分寬的長條烘焙紙，圍住烤杯外圍。蜂蜜加少許水，用刷子刷在烤杯內側。
2. **製作卡士達醬：**參見p.57做法5.的椰奶克林姆醬，差別在於以牛奶取代椰奶的不同。
3. 將原本顆粒狀的卡特吉起司以篩網過篩成柔滑狀，再和卡士達醬拌勻。
4. 將蛋白、少量的細砂糖倒入盆中，以慢速打至發泡後轉高速攪打，將剩餘的糖分兩次加入，打至濕性發泡。
5. 將一半打好的蛋白加入做法3.內先拌勻，再將剩餘的蛋白繼續倒入，輕柔地拌勻，然後裝入擠花袋內擠入烤杯中至七分滿。
6. 將烤杯放入烤盤，烤盤上倒入煮沸的熱水約至烤杯的一半高度。
7. 將烤盤放入烤箱以爐溫160℃烤40分鐘，出爐後拿掉烤杯旁的圍紙，撒上少許糖粉即可趁熱享用。

+ 這裡要注意 +

由於烤盤中要加水，所以烤盤的高度至少要超過4公分以上，水才不會流入。

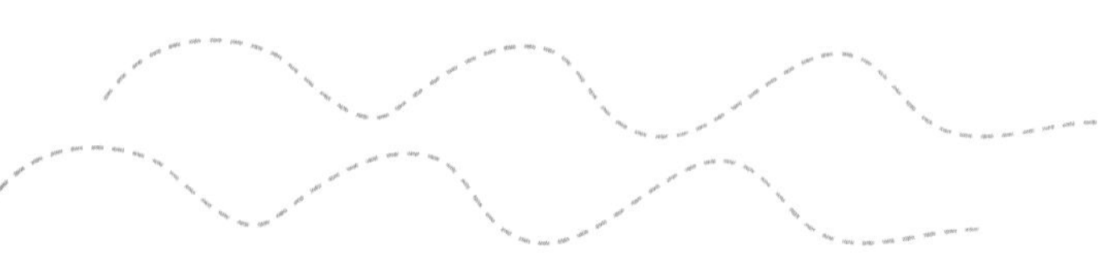

BANANA WITH MACADAMIA NUTS PIE

香蕉夏威夷果派

吃起來又香又脆的夏威夷果撒滿整個酥脆的派皮上，再加點高甜度的香蕉片，是招待來訪客人的最佳點心。

材料：

- 模具→8吋派盤1個
- 派皮→低筋麵粉250克、鹽少許、白油50克、無鹽奶油75克、冰水3大匙
- 內餡→卡特吉起司（cottage cheese）250克、黃砂糖30克、全蛋2個、香蕉1根、玉米粉30克、動物性鮮奶油30克、夏威夷果40克、肉桂粉1/2小匙、荳蔻粉1/2小匙

做法：

1. **製作派皮：**取一大鋼盆，倒入過了篩的低筋麵粉和鹽拌勻。
2. 倒入白油和無鹽奶油，用手指尖拌勻至如同麵包屑般大小。
3. 續入冰水，攪拌均勻成光滑麵糰，然後放入冰箱冷藏約30分鐘，即成派皮。
4. 將派皮取出擀成圓約派盤大，然後放入已噴了烤盤油派盤內，將派皮捏成型，並削去多餘的邊皮。
5. 盤內放米粒重壓，避免烤時變形。
6. 進烤箱以爐溫200℃烤約10分鐘至呈褐色，取出放涼備用。
7. **製作內餡：**將卡特吉起司、糖和香蕉用攪拌機快速攪拌3分鐘拌勻。
8. 將全蛋分次加入拌勻，依序加入玉米粉、動物性鮮奶油和略壓碎的夏威夷果、肉桂粉和荳蔻粉拌勻，然後倒入派皮內，進烤箱以爐溫160℃烤25～35分鐘，取出約放涼2小時，再入冰箱冷藏約6小時。

這裡要注意

在攪拌過程中，加入如雞蛋、牛奶等液體材料時，記得要分次加入拌勻，以免造成起司糊結粒，成品不好吃。

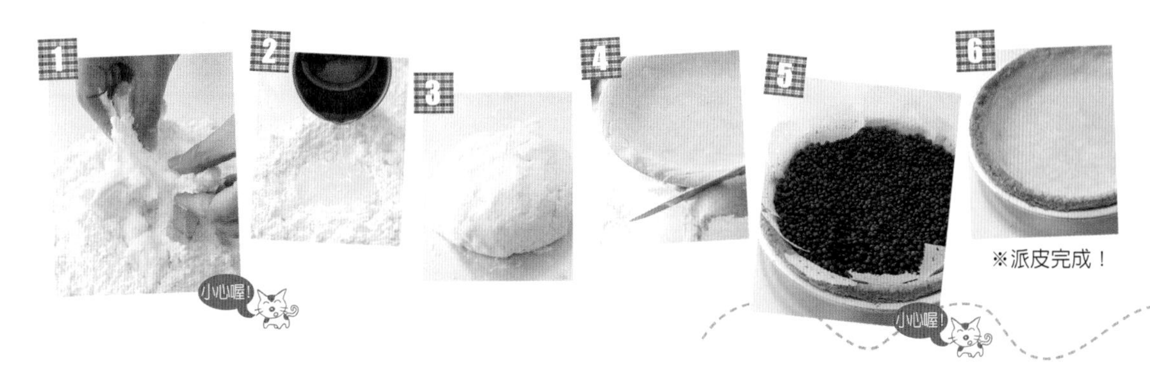

※派皮完成！

塔皮中加入具清新香氣的檸檬絲，內餡則以甜甜酸酸的覆盆子、蘭姆酒和香濃的奶油起司爲主角，只要一小塊巧克力覆盆子塔，就能吃進多種口味。

巧克力覆盆子塔

CHOCOLATE CHEESE TART

材料：

♣模具→直徑6公分小塔模8個

♣塔皮→低筋麵粉250克、無鹽奶油100克、細砂糖100克、全蛋1個、檸檬皮1/2個

♣內餡→黑巧克力塊120克、奶油起司（cream cheese）150克、黑糖50克、蘭姆酒30c.c.、冷凍覆盆子100克

♣表層裝飾→可可粉適量

做法：

1. **製作塔皮：**將奶油放在室溫下使其軟化，倒入盆中，加入細砂糖拌勻至有點變乳白色 。
2. 續入全蛋拌勻，再加入低筋麵粉、檸檬皮屑拌勻，即成麵糰。
3. 將麵糰用保鮮膜包好，進冰箱冷藏1小時備用。
4. 將塔皮麵糰取出後擀成約0.3公分厚的麵皮，再分別壓成直徑約10公分的圓麵皮，將麵皮覆蓋在塔模上，修去多餘麵皮，整型備用。
5. 在捏好的小塔模裡放些豆子壓，進烤箱以爐溫170℃烤約20分鐘取出。
6. **製作內餡：**將黑巧克力塊隔水加熱使其融化備用。
7. 奶油起司先拌軟，加入黑糖、蘭姆酒拌勻後，加入黑巧克力醬拌勻，再入冷凍覆盆子拌勻，然後倒入塔模內，進冰箱冷藏1～2小時。
8. 食用時，表面撒些可可粉即成。

+ 這裡要注意 +

也可以改做成巧克力口味的塔皮，只要將材料中25克低筋麵粉改成同量的可可粉即可。

APPLE CHEESE TART

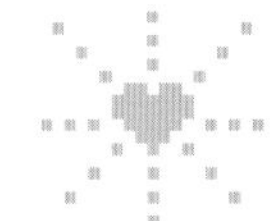

將蘋果汁加入製作內餡，你一定還沒吃過，吃膩了傳統奶香的塔皮，偶爾加入點不同的食材，讓味蕾更能充分感受特殊味道。

蘋果起司塔

材料：

♣模具→20×20公分方盤1個

♣底層→塔皮約250克

♣內餡→奶油起司（cream cheese）400克、細砂糖100克、全蛋1.5個、玉米粉50克、動物性鮮奶油75c.c.、蘋果汁75c.c.

做法：

1. 塔皮製作可參照p.77巧克力覆盆子塔的材料和做法。
2. 將塔皮擀成約0.3公分厚的麵皮，覆蓋在模型上，修去多餘的麵皮，並以叉子將底部麵皮刺幾個洞，放進冰箱冷藏備用。
3. **製作內餡：**先將奶油起司拌軟倒入盆中，再加入細砂糖拌勻。
4. 續入全蛋攪拌均勻。
5. 將玉米粉和動物性鮮奶油、蘋果汁先拌勻，再倒入起司糊中拌勻，即成內餡。
6. 將內餡倒在塔皮上，進烤箱以爐溫170℃烤約40分鐘，至表面呈金黃色即成。

＋ 這裡要注意 ＋

做法2.中的塔皮放入冰箱冷藏，除了可避免其軟掉，還可以定型。

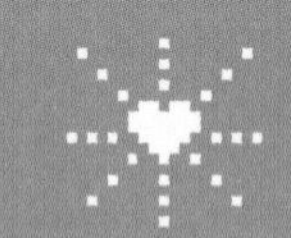

芒果米布丁塔

MANGO RICE PUDDING TART

夏季盛產的芒果，果肉橙黃飽滿，甜中帶有些許酸。加上新鮮起司和米製成布丁，
再撒點肉桂粉和薑粉，奇特的炎夏點心，陪伴你一夏！

材料：

✣模具→6吋塔模2個

✣底層→塔皮1份

✣內餡→芒果100克、生米50克、牛奶200c.c.、檸檬皮1/2個、
瑞可塔起司（ricotta cheese ） 250克 、細砂糖160克、蛋黃1個、肉桂粉少許、薑粉少許

✣表層裝飾→糖粉適量

+ 這裡要注意 +

如果買不到芒果，亦可用其他水果，如水蜜桃等季節性水果來替代，成品另有一番滋味。

做法：

1. **製作內餡：**芒果切約1公分小丁。
2. 將已洗好的米放入煮滾的牛奶中拌勻，以中火煮至米熟透的程度，
煮的過程中水若不夠可加少量的水。
3. 將檸檬皮屑、肉桂粉和薑粉拌勻。
4. 將做法2.和3.倒入盆中，續入瑞可塔起司、糖和蛋黃一起拌勻，再加入芒果丁拌勻，即成內餡。
5. 塔皮製作可參照p.77巧克力覆盆子塔的材料和做法。
6. 取出塔皮擀平，放上烤模捏成型，倒入拌勻的內餡。
7. 將烤模放進烤箱，以爐溫180℃烤20分鐘。
8. 將烤好的布丁取出放涼，表面撒上少許糖粉即可。

起司&飲料

起司除了可做甜點、輕食和鹹派外，當然也可以直接吃，這時可以搭配如啤酒、紅酒、咖啡、威士忌、紅茶等飲料食用，每種飲品有適合的起司，可以帶出起司的原味，讓起司更美味，不妨今天就來試試這另類新吃法。

★ 可一仰而盡的啤酒：可搭配新鮮起司如莫札瑞拉起司（mozzarella cheese），半硬質起司如高達起司（gouda cheese），白黴起司如卡門貝爾起司（camembert cheese），藍黴起司如德國康寶諾拉起司（German cambozola cheese）等。

★ 可慢慢淺酌的紅酒、白酒：較清淡的新鮮起司、半硬質起司可搭配口味清淡、稍帶水果香氣的紅酒和較淡的白酒。而較濃厚黏稠的山羊起司、白黴起司則可搭配濃郁的紅酒。有特殊味道的藍黴起司可配後勁強的紅酒或法國蘇特恩酒（sauternes）、麝香葡萄酒（muscat）等甜白酒。

★ 最大衆化的飲料咖啡：可搭配新鮮起司如奶油起司（cream cheese）、卡特吉起司（cottage cheese）、浪漫愛心型的neufchatel cheese等，其中義式濃縮咖啡（espresso）可搭配馬司卡彭起司（mascarpone cheese）。

★ 浪漫下午茶的主角紅茶：可搭配新鮮起司如奶油起司（cream cheese）和法國布藍酸奶油起司（French fromage blanc）等。

THE CAT WHO LIKED CHEESE

名字：Nya-Ko（日文可譯為「喵子」）

歲數：很年輕，貓中的二八年華

身材：嬌小細瘦

喜歡：吃起司、練瑜珈、表演輕功

照片中正打算：去向主人要起司零嘴

鹹鹹の起司

品嘗完可口的起司甜點，更要來塊經典的起司鹹派、起司融至恰到好處的野菇披薩、口味清淡的燻鮭魚起司卷和充滿義式風情的三味起司餃，驚訝於起司的多面貌之餘，不要忘了多吃幾口。

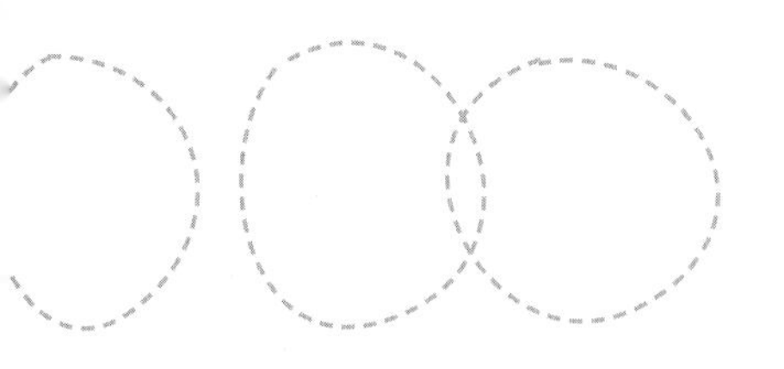

自己在家也能做披薩，無論購買市售披薩皮或自己DIY，寒冷的夜裡，不怕叫不到暖烘烘的熱到家披薩。

野菇披薩

MIXED MUSHROOM PIZZA

材料：

- 10～12吋披薩麵糰→高筋麵粉175克、鹽1/4小匙、乾酵母粉5克、水135c.c.、橄欖油15c.c.
- 餡料→橄欖油60c.c.、大蒜片2瓣、百里香葉15克、綜合菇片（杏鮑菇、香菇、鴻禧菇等）350克、鹽少許、黑胡椒少許、高筋麵粉少許、馬司卡彭起司（mascarpone cheese）150克、帕梅森起司（parmesan cheese）25克

做法：

1. **製作披薩麵糰：**將過了篩的高筋麵粉、鹽和乾酵母粉倒入鋼盆中，並在中央挖出一個凹洞。
2. 將水和橄欖油倒入中央。
3. 以湯匙或叉子攪拌成柔軟麵糰。
4. 在桌面上撒少許麵粉，將麵糰以手揉搓約10分鐘，至麵糰表面光滑且有彈性。
5. 再將麵糰移至鋼盆中，以保鮮膜包覆，放置溫暖處讓麵糰發酵。
6. 待發酵約1～2小時，使麵糰漲至2倍大即可。
7. 取出麵糰以擀麵棍擀開成約10～12吋（25～30公分）的圓形。
8. 以手指捏出披薩的圍邊即可。
9. **製作餡料：**平底鍋燒熱，倒入橄欖油，爆香大蒜片、百里香葉至微焦黃，加入菇片拌炒，待菇片開始出水，以鹽、黑胡椒調味，取出備用。
10. 將擀好的披薩皮移至烤盤上，表面拍撒些高筋麵粉，以湯匙將菇片和馬司卡彭起司鋪在麵皮上，再撒上帕梅森起司。
11. 將披薩放入烤箱，以爐溫220℃烤約10分鐘，至表面焦黃即可趁熱食用。

※披薩皮完成！

+ 這裡要注意 +

也可以用乾淨的濕毛巾蓋在麵糰上，更可幫助麵糰發酵，且能防止麵糰的表皮變硬。

莫札瑞拉起司搭配各類蔬菜最對味，喜歡吃焗烤料理的你，絕對不能放過嘗試這道菜的機會。

起司烤蔬菜

GRATINED MIXED VEGETABLES

材料：

甜椒2個、小蕃茄10顆、洋菇10個、小黃瓜1條、蘆筍4支、洋蔥1/4個、費達起司（feta cheese）50克、莫札瑞拉起司（mozzarella cheese）4片、鹽少許、黑胡椒少許、橄欖油少許、義大利黑醋少許

做法：

1. 甜椒縱切成4瓣，除去籽肉。小蕃茄對切。洋菇、小黃瓜、費達起司切成丁。蘆筍、洋蔥切成條狀，備用。
2. 將除了甜椒以外的綜合蔬菜料拌勻，並加入少許鹽、胡椒、橄欖油、義大利黑醋調味。
3. 將綜合蔬菜料放在甜椒瓣上，進烤箱以爐溫200℃烤約20分鐘，再將莫札瑞拉起司對切分別放在上面，續烤約5分鐘至起司融化即可食用。

+ 這裡要注意 +

也可以用一般的披薩起司代替莫札瑞拉起司，其他的醋或檸檬汁也可以代替義大利黑醋。

SMOKED SALMON WITH CHEESE ROLL

帶點煙燻味的新鮮鮭魚片單吃就很美味，捲上了美味的奶油起司、味道特殊的酸豆、橄欖，在家也能享受歐式的開胃菜。

燻鮭魚起司卷

材料：

燻鮭魚片8片、奶油起司（cream cheese）50克、洋蔥絲少許、酸豆16顆、檸檬1/2個、橄欖8個

做法：

1. 將每片鮭魚片分別抹上薄薄的奶油起司，再放上一小撮洋蔥絲、2顆酸豆後捲起。
2. 檸檬切成瓣狀。食用時，可搭配橄欖或擠上檸檬汁。

+ 這裡要注意 +

鮭魚起司除了可以單吃，當然可以搭配貝果或其他麵包一起吃，或者成為最佳下酒菜喔！

將藍黴起司、帕梅森起司加在馬鈴薯上去烤，起司預熱後全部化在馬鈴薯上，所有的起司美味都能一次嚐遍。

起司焗馬鈴薯 GRATINED POTATO

材料：

馬鈴薯2個、瑞可塔起司（ricotta cheese）200克、牛奶100c.c.、鹽少許、黑胡椒少許、藍黴起司丁（blue cheese）200克、帕梅森起司末（parmesan cheese）100克、巴西里葉末50克、蕃茄丁200克、橄欖油少許

做法：

1. 馬鈴薯削去外皮，切成約0.3公分厚的片狀，放入滾水中煮約5分鐘，撈起沖冷水，瀝乾備用。
2. 將瑞可塔起司和牛奶拌勻，加入少許鹽和黑胡椒調味，即成瑞可塔起司醬。
3. 將馬鈴薯片排在耐熱陶瓷烤盤上，用湯匙抹上一層瑞可塔起司醬，撒上些許藍黴起司丁、帕梅森起司末、巴西里葉末，再蓋上一片馬鈴薯片，重複此動作3次，將所有馬鈴薯片都排完。
4. 將蕃茄丁和橄欖油拌勻，加入少許鹽、胡椒調味，再用湯匙將蕃茄丁舀放在馬鈴薯片的間隙，最後再撒些帕梅森起司末在最上層，進烤箱以爐溫200℃烤約30分鐘，至表面焦黃即可趁熱食用。

+ 這裡要注意 +

1. 烘烤時，只要是耐用的陶瓷、玻璃都可以用，金屬材質的容器則不可使用。
2. 藍黴起司的鹹味較重，所以在調味時，鹽的份量要斟酌加入。

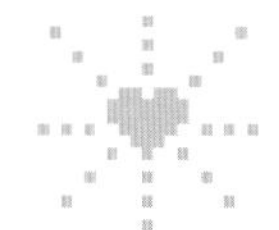

派除了常吃的甜口味派，也有加入培根肉、起司等的鹹派，
鹹派烤好後撒上些許香料，熱與香料的氣味最能促進食慾。

起司鹹派 CHEESE QUICHE

材料

- 模具→20×8公分長方塔模或8吋圓塔模1個
- 內餡→煙燻培根丁150克、艾登起司（edam cheese）150克、全蛋2個、鹽1/8小匙、黑胡椒少許、新鮮香草末（巴西里、九層塔等）15克、動物性鮮奶油100克
- 其他→ 派皮 1份（約200克）

做法：

1. 派皮做法和材料參見p.74香蕉夏威夷果派。將派皮以擀麵棍擀開，放在模型上並仔細整成型。將培根切成丁狀，放入平底鍋以中小火炒至焦黃，取出瀝去多餘油份。艾登起司刨成末狀。然後將培根、起司末倒入盆中拌勻。
2. 加入蛋拌勻。
3. 加入切碎的香草末。
4. 倒入動物性鮮奶油拌勻，再以鹽、黑胡椒調味，即成內餡。
5. 將內餡倒入塔模中，進烤箱以爐溫180℃烤約30分鐘，至表面呈金黃色即成。

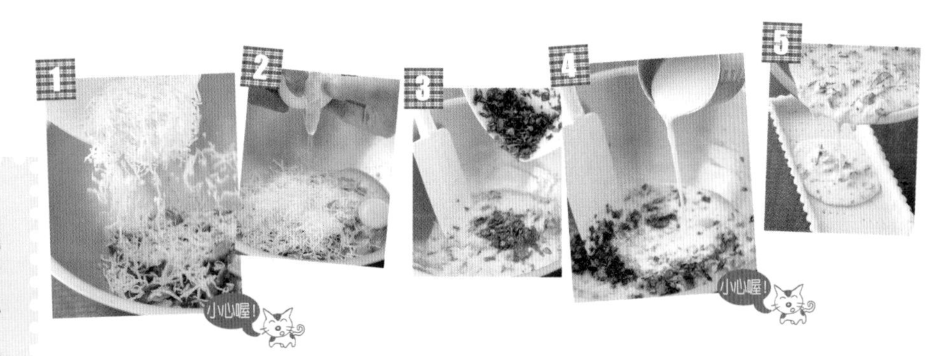

+ 這裡要注意 +

培根可換成其他的海鮮料或雞肉，或者是菇類、較硬的蔬菜如馬鈴薯、蘆筍和青花菜等代替。

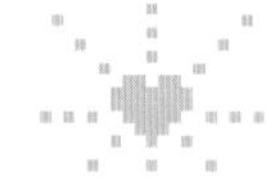

將以切達起司爲主材料製成的起司麵糊沾滿杏仁碎片，再加入蛋白，下鍋炸好就成了小朋友最喜歡吃的營養點心。

杏仁起司球

CHEESE ALMOND BALL

材料：

切達起司（cheddar cheese）250克、低筋麵粉60克、蛋白2個、杏仁片180克、沙拉油適量

做法：

1. 先將切達起司磨碎，再和過了篩的低筋麵粉混合備用。
2. 將蛋白打至八分發，先取約1/3量的蛋白和起司麵粉拌勻，再加入剩餘蛋白輕柔拌勻，稍微拌勻即可避免蛋白消泡。
3. 以手指將蛋白糊分搓成約16個圓球，每個小圓球再均勻沾上杏仁片。
4. 鍋中倒入沙拉油加熱，待油溫至160℃（油溫避免過熱以免表面杏仁焦黃，而起司球中心未熟），分次加入起司球炸至金黃即成。

+ 這裡要注意 +

1. 沾裹好杏仁角的起司球，可放入冰箱中冷凍，等到需要時再取出退冰油炸即可！
2. 鍋中倒入油燒熱，試丟一塊蔥入油鍋，鍋面若馬上起大泡泡，則表示油溫已約160℃。

CHEESE OMELET PANCAKE

好吃的中式蛋餅是每個人早餐少不了的料理，可以嘗試在蛋餅內加入起司、黑橄欖，將中式蛋餅改頭換面一番。

起司蛋餅

材料：

橄欖油適量、洋蔥絲1/2個、馬鈴薯750克、費達起司（feta cheese）200克、黑橄欖50克、全蛋6個、鹽少許、胡椒少許

做法：

1. 洋蔥切絲。馬鈴薯削除外皮後切片備用。
2. 鍋燒熱，倒入適量橄欖油，加入洋蔥絲、馬鈴薯片拌炒至軟。
3. 將蛋打散，和炒軟的馬鈴薯片、費達起司、黑橄欖拌勻，再加入鹽、胡椒調味，即成馬鈴薯蛋液。
4. 另一鍋燒熱，倒入少許油，續入馬鈴薯蛋液，煎至兩面呈金黃色且熟即成。

+ 這裡要注意 +

1. 起司蛋餅可以搭配蕃茄醬或甜麵醬一起吃。
2. 費達起司是一種口味較重的山羊起司，也可以用艾登起司（edam cheese）或高達起司（gouda cheese）來代替。

義大利式的起司餃該怎麼吃？試試看將喜愛的起司煮融後再放入，餃子沾裹濃郁的起司醬，吃了讓人馬上暖和起來。

三味起司餃

MIXED CHEESE TORTELLINI

材料：

市售乾起司餃200克、橄欖油少許、動物性鮮奶油200克、牛奶200c.c.、艾登起司（edam cheese）75克、愛曼托起司（emmental cheese）75克、帕梅森起司（parmesan cheese）50克、鹽少許、彩色胡椒粒少許

做法：

1. 先將起司餃放入煮開的滾水中，煮約10分鐘至起司餃熟，撈起備用。
2. 將艾登起司、愛曼托起司都切成丁，帕梅森起司刨成粉末備用。
3. 平底鍋加熱，倒入少許橄欖油，續入鮮奶油、牛奶和起司，以小火邊加熱邊攪拌。
4. 待起司融化即可將起司餃拌入，稍加熱後並以鹽、胡椒調味。

+ 這裡要注意 +

彩色胡椒粒可在烘焙行買到，當然也可以用一般胡椒粒取代，不過顏色沒那麼漂亮。

MIXED CHEESE RICE

飯也可以搭配起司吃嗎？沒錯，香濃的各式起司加入米飯後再煮，其美味可一點也不輸中式燉飯或炒飯喔！

四味起司飯

材料：

蔬菜高湯450c.c.、無鹽奶油25克、橄欖油1.5小匙、洋蔥1/4個、大蒜1瓣、生米130克、白酒60c.c.、帕梅森起司（parmesan cheese）50克、藍黴起司（blue cheese）25克、高達起司（gouda cheese）25克、切達起司（cheddar cheese）25克、新鮮巴西里葉1小撮、鹽少許、黑胡椒少許

做法：

1. 洋蔥切丁，大蒜切末，生米洗淨，帕梅森起司刨成末，其餘三種起司則切丁備用。
2. 取一小深鍋，倒入無鹽奶油、橄欖油加熱，待奶油融化，再加入洋蔥、大蒜炒至香軟。
3. 加入生米拌炒，淋上白酒和少許高湯，以中、小火邊煮邊拌至米將湯完全吸收，再倒入部份高湯，如此重複動作至最後米將所有湯汁全部吸收。
4. 倒入所有起司拌勻融化，再加入切碎的巴西里末，以鹽、黑胡椒調味即可食用。

+ 這裡要注意 +

蔬菜高湯DIY：將適量的蘿蔔、洋蔥、芹菜和水倒入鍋中熬煮即可做成。另外，最簡單的方法是取香菇粉加水調製而成。

GRATINED TOMATO AND BREAD

莫札瑞拉起司佐法國麵包片、吐司，再疊上牛蕃茄片和少許九層塔，烘烤後彷彿一個小型的披薩，重口味的人一定要吃。

烤蕃茄起司麵包片

材料：

法國麵包切片6片、蕃茄醬少許、牛蕃茄2個、莫札瑞拉（mozzarella cheese）起司適量、九層塔1小把、 鹽少許、黑胡椒少許、橄欖油少許

做法：

1. 先將法國麵包片放入烤箱烤至兩面微黃，取出抹上薄薄一層蕃茄醬。
2. 牛蕃茄橫切成片狀，排放在麵包上，再擺放上莫札瑞拉起司片。
3. 九層塔切絲。
4. 撒上九層塔絲、少許鹽和黑胡椒，再淋上一點橄欖油，進烤箱烤至起司融化。

+ 這裡要注意 +

1. 牛蕃茄的口味比較溫和，而台灣的品種較酸，用牛蕃茄做這道經典菜色最適合。
2. 也可以用披薩起司（pizza cheese）來取代莫札瑞拉起司。

好吃的起司哪裡買？

喜歡吃起司的人越來越多，來自世界各地的風味起司現在國內也漸漸買得到，除了像頂好超市、松青超市、善美得超市等各大超市，大潤發、COSTCO、TESCO等大型量販店，還有百貨公司的超市都能輕鬆買到各類起司。甚至已有起司專賣店，常見的或較特殊的起司都有得買，無論你是想買來做蛋糕、輕食或單吃都很方便。但在前往購買前，建議你打個電話詢問一下開店時間。

※設有起司專櫃的超市、量販店

全省頂好惠康超市
全省松青超市
全省善美得超市
台北101大樓B1 Jasons Market Place
遠企購物中心B1 city's super超市
全省大潤發量販店
全省家樂福量販店
全省好市多COSTCO量販店
全省特易購TESCO量販店

※設有起司專櫃的百貨公司、專門店

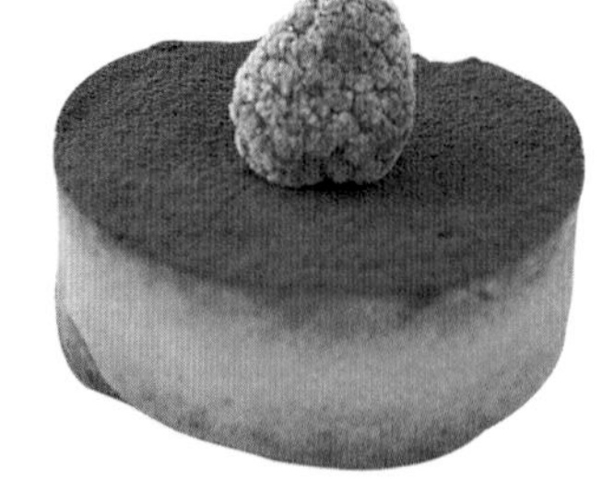

富華Mr. Cheese新光三越信義二館專櫃
（02）8780-6506　台北市松高路12號B1

富華Mr. Cheese遠企購物中心專櫃
（02）2378-5211　台北市敦化南路二段203號B2

喜事達誠品敦南店專櫃
（02）2775-5977#616　台北市敦化南路二段245號GF

喜事達衣蝶一館專櫃
（02）2523-5727　台北市南京西路14號B1

麗緻坊亞都飯店專櫃
（02）2597-1234（外賣櫃） 台北市忠誠路二段170號1F

亞舍葡萄酒美食專賣
（02）2873-2444 台北市忠誠路2段170號1F

圖拉德誠品忠誠店專櫃
（02）2873-0966#002 台北市忠誠路二段188號B1

珍饈坊
（02）2658-9568 台北市內湖環山路二段133號1F

新新食品行
（02）2873-2444 台北市中山北路六段756號1F

華瑞行(G & G)
（02）2873-9915 台北市中山北路六段435號

法樂琪
（02）2876-5388 台北市忠誠路二段178巷15號1F

益和商店
（02）2871-4828 台北市中山北路七段39號

喜恩
（02）2876-4245 台北市天母西路 48 號

海森坊
（02）2712-6470 台北市興安街 214 號

風格食品行
（04）2327-7750 台中市精誠路7號

富華Mr. Cheese高雄大立伊勢丹專櫃
（07）215-4371 高雄市前金區五福三路59號B1

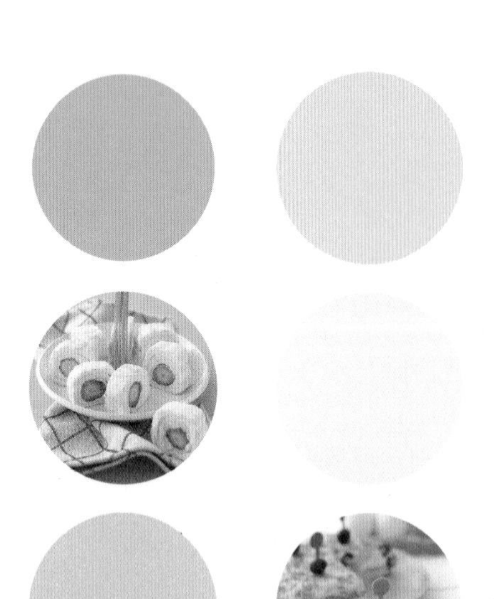

國家圖書館出版品預行編目資料
好想吃起司蛋糕：
用市售起司做點心／金一鳴 著.
--初版.--臺北市：朱雀文化，2006
〔民95〕
112面； 公分(COOK50；69)
ISBN 986-7544-69-2(平裝)
1.食譜--點心
427.16 95007049

好想吃起司蛋糕

用市售起司做點心

COOK50069

作者 金一鳴 攝影 廖家威 編輯 彭文怡 校對 連玉瑩 動物攝影 鄧宜琨
美術編輯 鄧宜琨 企畫統籌 李 橘 發行人 莫少閒 出版者 朱雀文化事業有限公司
地址 台北市基隆路二段13-1號3樓 電話 (02)2345-3868 傳真 (02)2345-3828
劃撥帳號 19234566 朱雀文化事業有限公司 e-mail redbook@ms26.hinet.net
網 址 http://redbook.com.tw 總經銷 展智文化事業股份有限公司
ISBN 986-7544-69-2 初版一刷 2006.05.01
定 價 280元 出版登記 北市業字第1403號
特別感謝→潘一帆、黃智賢示範製作，曾怡誠文字整理。

About買書：

●朱雀文化圖書在北中南各書店及誠品、金石堂、何嘉仁等連鎖書店均有販售，如欲購買本公司圖書，建議你直接詢問書店店員，如果書店已售完，請撥本公司經銷商北中南區服務專線洽詢。北區（02）2250-1031 中區（04）2312-5048 南區（07）349-7445

●●上博客來網路書店購書（http://www.books.com.tw），可在全省7-ELEVEN取貨付款。

●●●至郵局劃撥（戶名：朱雀文化事業有限公司，帳號：19234566），
掛號寄書不加郵資，4本以下無折扣，5～9本95折，10本以上9折優惠。

●●●●親自至朱雀文化買書可享9折優惠。